JN302477

遺伝子と性行動

性差の生物学

山元 大輔 著

裳 華 房

Genes, Circuits and Sexual Behavior: A Biology of Gender

by

DAISUKE YAMAMOTO

SHOKABO

TOKYO

まえがき

　行動遺伝学は，遺伝学の一部でもあり，行動学の一部でもあり，また神経科学の一部でもある．それは，個体の行動が，直接的には脳神経系によって生み出されるアウトプットであること，そして脳神経系の構造と機能の基本デザインが遺伝子によって与えられることに基づいている．行動という「存在」を認識するための学問である行動遺伝学は，個体－細胞－分子の階層的構造をもったその存在を反映して，みずからも階層的な姿をとるからだ．もう一つの軸は歴史性である．生物の存在は進化という歴史性に裏打ちされている．生物を研究する認識の深化もまた，歴史的に展開する．本書の展開もおのずからこの存在と認識の諸階層をたどることとなる．

　本書は，キイロショウジョウバエで急速に発展した行動遺伝学の特定の部分，つまり，性行動を対象に単一遺伝子の機能の発現という観点から要素還元的な発想と手法で行われた研究にフォーカスを当て，研究の時間的流れに沿うかたちでこれまでの成果を紹介している．ショウジョウバエ遺伝学の開祖，モーガンから話は始まるが，いつの間にか著者の研究に主題は移って読者を惑わせてしまったようにも思う．正直なところ，本書はある意味で私自身のこれまでの研究の集約とも言えるのであり，バランスのとれた行動遺伝学の概説書とは到底言えない内容である．にもかかわらず多少とも出版の意味があるとすれば，一顧だにされない"つまらぬ"観察，些細な発見から，紆余曲折，長い年月をかけて新しい学問の潮流が生まれるという"目撃証言集"としてであろう．日々くり返される挫折，自分の研究への周囲の無関心，低い評価，などなど，私の体験を知ってもらうことで，若い読者に幾ばくかの安心を届けることができればと思う．

　本書を読めば，遺伝子から行動に至る道筋を明快に理解できると期待した読者は，結局解答を見つけられずに不満を抱くに違いない．申し訳ないことに，書いた本人が解答を持ち合わせていないためである．ということはつまり，行

動遺伝学はまだまだ先の長い学問だということでもある．この本で見つけ損なった解答は，読者みずからの未来の研究によって見いだしていただくしかない．そのきっかけに，このつたない書がなってくれるなら，望外の喜びである．

　本書に紹介した私のグループの成果は，現在そして過去に労苦をともにした多くの共同研究者の汗と涙の結晶である．ここに感謝したい．なかでも兵庫医科大学の中野芳朗准教授と東北大学の小金澤雅之准教授には，第一稿に貴重な意見をいただいた．記して御礼申し上げる．また，裳華房編集部の野田昌宏氏からのお誘いがなければ，本書が誕生することはなかった．同氏のご尽力にも感謝する次第である．秘書の佐藤裕美さんには，原稿や図の整理で大変お世話になった．そして最後に，勝手し放題，言い放題のこの私を優しく支えてくれた妻の寿美子と双子の娘たち，麻美，絹美に感謝して，序言にかえたい．

　2012年3月11日　仙台にて復興を期し

山元　大輔

章タイトル

1章　ショウジョウバエ行動遺伝学の幕開け　1
2章　分子レベルの行動遺伝学　31
3章　行動の源を脳に探る　56
4章　*fruitless* － 同性愛突然変異体の登場　75
5章　脳の性的二型の発見　106
6章　脳の性差から行動の性差へ　133
7章　脳と行動をコントロールする　158
8章　ハエとヒトの遺伝子と脳と行動　178

目　次

1章　ショウジョウバエ行動遺伝学の幕開け　1
1.1　古典遺伝学による行動研究 ……………………………………………… 1
1.1.1　白眼変異の発見に始まるショウジョウバエ遺伝学　1
1.1.2　染色体と遺伝子のつながりを見抜く　2
1.1.3　スターテヴァントの行動研究　3
1.1.4　行動遺伝学のいくつかの起源　4
1.1.5　巨匠ベンザーの科学探検　5
1.2　分子遺伝学の黄金時代 …………………………………………………… 6
1.2.1　ワトソン―クリックの時代　6
1.2.2　分子遺伝学のセントラルドグマ　7
1.2.3　分子遺伝学から脳と行動へ　9
1.2.4　脳を単純化して解析する　9
1.2.5　ベンザーの"転向"　10
1.2.6　スペリーの分割脳研究　11
1.2.7　ベンザーとルイス　12
1.2.8　なぜ，ショウジョウバエか　12
1.2.9　ショウジョウバエは"脳研究の大腸菌"　13
1.3　ベンザーの走性研究 ……………………………………………………… 14
1.3.1　光走性に始まるベンザーの行動研究　14
1.3.2　飽和突然変異誘発と効率的スクリーニング　14
1.3.3　突然変異誘発　15
1.3.4　付着X染色体の利用　17
1.3.5　単一遺伝子突然変異で行動に迫る　17
1.3.6　堀田凱樹とベンザーの視覚研究　18
1.3.7　ギナンドロモルフとは　20
1.3.8　生理学的異常の原因部位をモザイク個体を使ってマッピングする　20
1.4　本能行動と学習の研究 …………………………………………………… 22
1.4.1　もっと複雑な行動へ！　22

1.4.2　コノプカによるリズム異常変異体 *period* の分離　22
　　1.4.3　劣性と優性　24
　　1.4.4　遺伝的相補性検定　25
　　1.4.5　三つのリズム変異が同じ遺伝子座にマップされた　26
　　1.4.6　学習するハエ　26
　　1.4.7　匂いと電気ショックの古典的条件づけ　28
　　1.4.8　学習も遺伝子で決まり!?　28
　　1.4.9　突然変異体から原因遺伝子へ向かう困難　30

2章　分子レベルの行動遺伝学　31
2.1　分子遺伝学の飛び道具　31
　　2.1.1　DNA 組換え実験始まる　31
　　2.1.2　トランスポゾンという飛び道具　32
　　2.1.3　ショウジョウバエへの遺伝子導入　33
　　2.1.4　ジャンプスタート法　34
　　2.1.5　プラスミドレスキュー法　35
　　2.1.6　エンハンサートラップ　35
　　2.1.7　GAL4-UAS システム　37
2.2　行動分子遺伝学のモデルケースとなった *period* 遺伝子研究　38
　　2.2.1　*period* 遺伝子クローニング競争開幕　38
　　2.2.2　cDNA クローニング　39
　　2.2.3　ラブソングにもリズムがある　40
　　2.2.4　*period* 遺伝子が制御する 24 時間周期と 1 分周期のリズム　41
　　2.2.5　Period タンパク質の機能を巡るバトル　42
　　2.2.6　Period タンパク質の量的変動にリズムがあった　42
　　2.2.7　転写を巡る負のフィードバックループからリズムの発振へ　43
2.3　*period* 遺伝子の進化的保存と多様性　46
　　2.3.1　マウスの逆襲　46
　　2.3.2　哺乳類の行動のサーカディアンリズムは視床下部視交叉上核に発する　47
　　2.3.3　種の認知に働くラブソングのリズム　48
　　2.3.4　行動の種差をアミノ酸残基の違いに求める　52
　　2.3.5　遺伝子の種間キメラをつくる　53
　　2.3.6　行動の種間移植　54

3章　行動の源を脳に探る　56
3.1　モザイク解析の原理 …………………………………………………… 56
3.1.1　行動のモザイク解析　56
3.1.2　スターテヴァントの胞胚運命予定図　57
3.2　行動をつくりだす体内部位の推定 …………………………………… 61
3.2.1　胞胚運命予定図を使って行動の座をマップする　61
3.2.2　性行動は体のどこで生まれるのか　61
3.2.3　組織切片を積み上げて脳内の行動の座を決める　63
3.2.4　行動を調べた個体の脳を解剖してモザイク解析を行ったホール　64
3.2.5　ラブソングのモザイク解析　65
3.2.6　求愛と交尾は別　65
3.2.7　雌の交尾受入れの脳内部位　66
3.2.8　性行動の座を絞り込む　66
3.2.9　匂いの分別基地，触角葉　67
3.3　脳神経系の活動を人為的に操作する方法 …………………………… 69
3.3.1　脳の強制活性化と不活性化　69
3.3.2　全世界をしびれさせた *shibire* 遺伝子　69
3.3.3　シナプス伝達の人為的オン−オフを可能にする　71
3.3.4　キノコ体と性行動　71
3.3.5　破傷風毒で神経伝達を遮断する　73
3.3.6　キノコ体によるデリケートな行動調節　74

4章　*fruitless* − 同性愛突然変異体の登場　75
4.1　偶然見つかった大物突然変異体 *fruitless* …………………………… 75
4.1.1　40年後に一世風靡，*fruitless*　75
4.1.2　みんなが見向きもしなかった変異体が今やヒーロー　76
4.1.3　若い雄のセックスアピール　77
4.1.4　求愛されることと求愛することの違い　78
4.1.5　ゲイリーによる *fruitless* 遺伝子座マッピング　78
4.1.6　性フェロモン研究のパイオニア，ジャロン　79
4.1.7　雄にしかない筋肉，ローレンス筋の不思議　82
4.1.8　*fruitless* 遺伝子と雄特異的筋肉形成との接点見つかる　82

4.2 ショウジョウバエの性決定はスプライシングが決め手 ……………… 85
 4.2.1 性決定カスケード　85
 4.2.2 スプライシングという遺伝情報の編集作業　86
 4.2.3 性のスプライシング　87
 4.2.4 雌が当たりで雄ははずれ　87
 4.2.5 性転換作用で見つかった遺伝子 *transformer*　89
 4.2.6 Doublesex が体の性のスイッチを入れる　89
 4.2.7 Doublesex で性のすべてを説明することはできない　90

4.3 サトリ突然変異体によってもたらされた転機 ……………………… 91
 4.3.1 行動遺伝学への私の第一歩　91
 4.3.2 ショウジョウバエ学の ABC　92
 4.3.3 性行動異常突然変異体をとる　93
 4.3.4 *satori* が世に出たきっかけ　94
 4.3.5 *satori* は *fruitless* のアリルだった　95

4.4 *fruitless* 遺伝子の正体 ……………………………………………… 96
 4.4.1 *fruitless* クローニングの熾烈な争い　96
 4.4.2 科学論文の発表の前に立ちはだかる多くの困難　97
 4.4.3 *fruitless* クローニング競争を制す　98
 4.4.4 *fruitless* は Tra の標的遺伝子で転写因子をコードする　98
 4.4.5 雄特異的な翻訳　99
 4.4.6 二役を演じる Tra タンパク質　100
 4.4.7 *fruitless* 遺伝子を使って神経を性転換する　101
 4.4.8 ディクソン, *fruitless* 遺伝子操作で雌に雄の行動をさせることに成功　102
 4.4.9 *fruitless* 遺伝子の操作だけで行動を完全に性転換することはできない　103

5 章　脳の性的二型の発見　106
5.1 脳の種分化をハワイのハエで探求 ……………………………… 106
 5.1.1 ニューロンの性的二型を求めて　106
 5.1.2 ハワイはショウジョウバエのパラダイス　107
 5.1.3 ハワイ固有種研究の拠点をつくる　108
 5.1.4 ハワイ産ショウジョウバエの脳には雄で肥大化した構造がある　110
 5.1.5 脳の性差に種分化をとらえる　112
 5.1.6 モデル生物を使うことの利点　112

5.1.7　キイロショウジョウバエでも起こっていた嗅中枢の雄での肥大化　115
　　　5.1.8　*fruitless* は脳の種分化の鍵となりうるか　115
　5.2　同じフェロモン情報に雌雄は違った解釈を与える…………………… 116
　　　5.2.1　触角葉の性差はフェロモン検知と対応している　116
　　　5.2.2　性フェロモンの実体　117
　　　5.2.3　注目を集める *cis*-vacceyl acetate　118
　　　5.2.4　嗅受容体とフェロモン　118
　　　5.2.5　フェロモンが興奮性か抑制性かは受け止める側の問題である　119
　　　5.2.6　交尾の成否を決めるのは雌　120
　　　5.2.7　交尾中に雄から雌に移される物質がその後の雌の行動を変化させる　120
　5.3　脳の一つ一つのニューロンに性差を見る……………………………… 122
　　　5.3.1　*fruitless* 遺伝子と脳の性差をつなぐミッシングリンクを求めて　122
　　　5.3.2　Nippon でつくった GAL4 エンハンサートラップ系統 NP シリーズ　122
　　　5.3.3　脳内のたった一個の細胞を染め出す MARCM 法　123
　　　5.3.4　体細胞染色体組換えが MARCM の決め手　124
　　　5.3.5　細胞系譜の追跡が可能な MARCM　125
　5.4　一つの同じニューロン集団が雌雄で違った形に発達する…………… 126
　　　5.4.1　Fruitless 発現中枢ニューロンの性差をついに発見　126
　　　5.4.2　*fru* 変異体の雄ではニューロンが雌に性転換していた　127
　　　5.4.3　死神遺伝子　128
　　　5.4.4　雌雄の脳に違いを生む一因は細胞死にあった　129
　　　5.4.5　研究費困窮状態を救った性差発見　131

6 章　脳の性差から行動の性差へ　133
　6.1　雌に雄の行動をとらせるには，どのニューロンを雄化すればよいか … 133
　　　6.1.1　脳の性差の意味を探る　133
　　　6.1.2　わずか 20 個の脳細胞の性転換で行動の性転換が起きる　134
　　　6.1.3　雄だけに存在するニューロンの発見　136
　　　6.1.4　Fru 発現ニューロンの性差形成には複数の仕組みがある　136
　　　6.1.5　Fruitless と Doublesex の協力が雄特異的ニューロンをつくる　137
　　　6.1.6　神経突起の性差を形成する仕組み　137
　6.2　ニューロンを強制的に興奮させて性行動を引き起こす……………… 138
　　　6.2.1　ニューロンの刺激によって個体に行動を引き起こさせる　138

6.2.2　"分子カプセル"を使って導入化合物の働くタイミングをコントロール　139
　　　6.2.3　断頭したショウジョウバエも求愛する　139
　　　6.2.4　行動司令と行動の実行には神経系の別々の中枢が関与する　140
　6.3　性フェロモンを感じる味受容ニューロン………………………………　141
　　　6.3.1　性行動の引き金を引く感覚情報　141
　　　6.3.2　味覚か聴覚か　142
　　　6.3.3　味覚受容体遺伝子の多様化　143
　　　6.3.4　味覚がなくなると同性に求愛する!?　143
　　　6.3.5　求愛の姿勢もフェロモンで制御される　144
　　　6.3.6　性差を示す介在ニューロンはフェロモン情報処理に関わる　145
　　　6.3.7　側抑制によってコントラストを強める　145
　　　6.3.8　複数の味覚受容体が一つの細胞で共同して働く　147
　　　6.3.9　昆虫の化学受容体は脊椎動物とは違った仕組みで感じる　148
　　　6.3.10　フェロモンは苦い？　149
　　　6.3.11　神経での情報処理の左右差に性差がある　150
　6.4　嗅覚で感知されるフェロモンの中枢処理………………………………　151
　　　6.4.1　普通の匂いとフェロモンは分別処理される　151
　　　6.4.2　同じ刺激を雌雄は違った受け止め方をする　153
　　　6.4.3　Fruitless 発現ニューロンがつくる回路の推定配線図　154
　　　6.4.4　シナプス接続の有無を決定する方法　156

7章　脳と行動をコントロールする　158

　7.1　脳の情報処理を理解するために必要な生理学の基礎知識…………　158
　　　7.1.1　アナログとデジタルを併用する神経　158
　　　7.1.2　イオンの流れが神経の情報の土台　159
　　　7.1.3　カリウムチャネルが細胞をバッテリーに仕立てる　160
　　　7.1.4　ナトリウムチャネルとカルシウムチャネルが電気的興奮を支える　161
　　　7.1.5　シナプスのイオンチャネルは漸次的応答をつくりだす　162
　7.2　どのようにして脳細胞の活動を観測するのか……………………………　163
　　　7.2.1　電気生理学の実験法　163
　　　7.2.2　シナプス活動を見る　164
　　　7.2.3　神経伝達物質と受容体　165
　　　7.2.4　ショウジョウバエの中枢神経細胞から細胞内電位を記録する　167

7.2.5 パッチクランプという革命的手法　167
7.2.6 パッチクランプ法をショウジョウバエ中枢ニューロンに適用する　170
7.2.7 光を使って神経活動を見る　170
7.3 行動している雄の脳のP1ニューロンがフェロモンで興奮する …… 171
7.3.1 "固定"したショウジョウバエに性行動をさせる技術　171
7.3.2 性行動中の雄の脳内ニューロンから活動を記録　173
7.3.3 雌のタッチによって興奮するニューロンを突き止める　174
7.3.4 求愛相手なしで雄に求愛行動を始めさせることに成功　175
7.3.5 どのニューロンがどの行動に必要なのかを決定する　176
7.3.6 半世紀にわたるFruitlessの研究の末につながった遺伝子-細胞-行動　177

8章　ハエとヒトの遺伝子と脳と行動　178
8.1 脊椎動物の脳の性的二型 …………………………………………… 178
8.1.1 脳の性差の一般性　178
8.1.2 細胞自律的性決定と細胞非自律的性決定　180
8.1.3 哺乳類の脳の性的二型は行動とどう関係するのか　180
8.1.4 哺乳類でのフェロモン情報処理　180
8.1.5 ヒトの脳の性差と性指向性，性自認の関係　181
8.1.6 ヒトの性指向性と遺伝子　182
8.2 細胞自律的性決定と細胞非自律的性決定 …………………………… 183
8.2.1 鳴鳥の性モザイク研究　183
8.2.2 ニワトリでの細胞自律的性決定の発見　184
8.3 性の進化 ……………………………………………………………… 184
8.3.1 性を巡る進化的保存と多様性　184
8.3.2 性の柔軟性の起源についての一推理　185

引用文献　187
行動遺伝学における歴史年表　193
索　引　197

1 章
ショウジョウバエ行動遺伝学の幕開け

　ショウジョウバエの行動の遺伝的基盤に関する研究は約100年前，この昆虫が遺伝学の実験動物としてトーマス・モーガン（Thomas Hunt Morgan）たちによって導入されたときに始まる．以後，ショウジョウバエ遺伝学の深化発展とともに，行動研究も本格化していく．1960年代後半，シーモア・ベンザー（Seymour Benzer）が行動異常を示す単一遺伝子突然変異体を系統的に分離してその表現型を詳しく記載し，対応する遺伝子を染色体地図に書き込むとともに，各遺伝子の機能の場を脳神経系に大まかに位置づける研究を精力的に進めた結果，行動遺伝学は揺るぎない基盤を得るに至る．当時支持を得ていた"遺伝子－タンパク質－形質"という枠組みは，多因子支配によってかたちづくられる行動にも当てはまり，細菌を中心に革命的な発展を遂げた分子遺伝学のアプローチがここにも適用できるはずであるという認識が一般化する．本章ではこうした行動遺伝学の歴史を振り返り，その中で遺伝学の基本概念についても述べる．

1.1　古典遺伝学による行動研究

1.1.1　白眼変異の発見に始まるショウジョウバエ遺伝学
　ショウジョウバエを用いた遺伝現象の本格的研究は，モーガン（1933年ノーベル医学生理学賞受賞，図1・1左）によって開始された．その最初の成果は，複眼の色が赤から白に変わった突然変異体, *white*（*w*）の発見とそ

図1・1 ショウジョウバエ遺伝学の祖,（左から）モーガンとスターテヴァント, ブリッジス
（写真提供　モーガン：AP/アフロ. スターテヴァントとブリッジス：森脇大五郎博士所蔵の図を森脇和郎博士のご厚意により掲載）

の遺伝様式を報じた Science 掲載の論文で, グレゴール・ヨハン・メンデル（Gregor Johann Mendel）が遺伝法則を発見してから55年後の1910年のことであった [1-1]. この年, 二人の学部学生がモーガンの研究室にやってきた. アルフレッド・スターテヴァント（Alfred H. Sturtevant, 図1・1 中）とキャルヴィン・ブリッジス（Calvin B. Brigges, 図1・1 右）である.

w はメンデル遺伝をするものの, 白眼個体の出現比率は著しく雄に偏っていた. 1905年にはネッティー・スティーブンス（Nettie M. Stevens）やエドマンド・ウィルソン（Edmund B. Wilson）によって, 性に対応して形状の異なる染色体（性染色体）の存在が甲虫やバッタで発見されており, w がその性染色体（X 染色体）に乗っていると仮定すれば, 雄にばかり白眼個体が現れるという不思議な現象もたやすく説明できることにモーガンらはすぐに気づいた. しかし, 実際の白眼個体の出現数は期待値とは微妙にずれていた.

1.1.2　染色体と遺伝子のつながりを見抜く

手先が器用で唾腺染色体の観察に秀でていたブリッジスは, 減数分裂の過

程でまれに X 染色体相同対がくっついたまま同じ核に入っていく染色体不分離が起こることを発見した．白眼個体の出現数が期待値からずれるのは，この X 染色体不分離によるのであり，遺伝子が染色体上に乗っていることが実験的に示されたのである．

　w の発見後は，堰を切ったように新しい突然変異体が見いだされ，その中には *w* と一緒に子孫に伝わっていく（連鎖する）傾向の高いものが少なからず存在していた．ただ，これも必ず一緒に伝わるわけではなく，時には一方の変異だけをもった個体が出現する．一緒に伝えられる傾向の高い遺伝子は同じ染色体（たとえば X 染色体）の上に並んでいるものと推定された．

　時としてばらばらに子孫に伝わるのは，減数分裂のときに相同染色体が一部入れ替わる"交差"に対応するとすれば，うまく理解できる．

　スターテヴァント [1-2] は早くも 1911 年に，棒状の一つの染色体に乗っている二つの遺伝子が次世代でばらばらになる確率は，それらの遺伝子間の距離が離れている程高くなるはずで，その確率を個々の遺伝子間で計算すれば，各遺伝子の順番と距離を示した遺伝子地図が描けるとの着想を得ていた．

　1912 年にハーマン・マラー（Hermann J. Muller，1946 年ノーベル医学生理学賞受賞）の参加を受けてパワーアップしたモーガンチームは，実際に 100 近い変異をこうして地図上に位置づけて，世界初の連鎖地図を 1913 年に発表した [1-3]．

1.1.3　スターテヴァントの行動研究

　この凝縮された時間の中で，単一遺伝子変異と行動形質との関連をいち早くとらえていたのもスターテヴァントであった．連鎖地図に続いて発表した別の論文 [1-3] は，チャールズ・ダーウィン（Charles R. Darwin）が提唱した性淘汰の概念を実験的に検討することを主題としていたのである．

　この中で，異なる種の間での比較を行っているほか，体色が黄色みを帯びることで分離された *yellow*（*y*）変異体の雄が，野生型に比べて性的に不活発で，雌との交尾に手間取ることが述べられている．*y* 変異によって雄の性

行動が障害されることは追認されているが，障害される理由については今日なお不明である．

スターテヴァントはさらに，雌雄の細胞が混ざりあってできている性モザイク（ギナンドロモルフ，後述）の個体を使って，性的魅力（求愛される側がもつ性質）と求愛をする能力（求愛する側がもつ性質）とが，互いに別々の，切り離しうるものだということを結論している．

同じ論文中には攻撃行動についての記載があり，その後 M. E. ジェイコブス（M. E. Jacobs）[1-4] やフロリアン・フォンシルヒャー（Florian von Schilcher）[1-5] によって取り上げられることはあったものの，キイロショウジョウバエの攻撃行動がごく最近までほとんど看過されてきたことを思えば，スターテヴァントの人並みはずれた観察力と洞察力に感銘を禁じ得ない．ショウジョウバエの行動遺伝学がその後たどる一つの道は，すでにこのとき，ルートマップとして描かれたと言ってもよい．

1.1.4　行動遺伝学のいくつかの起源

もちろん，スターテヴァントとは別に，ショウジョウバエの行動とその遺伝的基盤を探る研究の流れがいくつも存在した [1-6]．たとえばモーガングループに先行してハーバード大学のウィリアム・キャッスル（William E. Castle）がキイロショウジョウバエの行動の室内実験を始めており，1905 年の論文 [1-7] を皮切りに，正の光走性，負の重力走性，機械的刺激への感受性，気流走性，嗅覚を用いた餌の感知などを報告している．彼らはまた，兄妹交配によるキイロショウジョウバエの系統化に先鞭をつけた．

こうした先駆的試みに続いて，キイロショウジョウバエの選抜系統や突然変異体を用いた行動研究が数多く報告されたが，行動の変容をもたらす突然変異体を分離することによって，行動の制御に関わる遺伝子を同定しようという発想の持ち主は，1960 年代半ばまで現れることがなかった．行動が多因子に支配される形質であるという見方があまりにも強かったため，単一遺伝子と行動との関連を探るという意識が生まれなかったのかもしれない．

1.1.5　巨匠ベンザーの科学探検

　単一遺伝子突然変異体を使って"行動を遺伝的に解剖する"アプローチを開始したのは，ユダヤ系アメリカ人のベンザー（図1・2）だった．彼はパーデュー大学で物理学を専攻して1947年に学位を取得し，その研究はトランジスタの開発に大きく貢献した．第二次大戦後，パーデュー大学はベンザーを物理学の教授として迎える．ところが，シュレーディンガーの『生命とは何か』に傾倒していたベンザーは，着任直後に物理学に別れを告げ，生物学に転向する．

　1948年にマックス・デルブリュック（Max Delbrück，1969年ノーベル医学生理学賞受賞）とサルバドール・ルリア（Salvador Luria，同上）が主催したコールドスプリングハーバー研究所の"バクテリオファージ・コース"を受講したベンザーは，カリフォルニア工科大学（Caltech）のデルブリュックの研究室で2年間，さらにその後フランスのパスツール研究所で1年間，ポストドクとして修行し，パーデュー大学に戻ったのは1952年の秋だった．この3年間にベンザーは，バクテリオファージとその宿主である大腸菌の操作に習熟し，DNAの解析法をわがものとした [1-8, 1-9]．

図1・2　現代的な行動遺伝学の創始者，ベンザー
　　（写真：AP/アフロ）

1.2 分子遺伝学の黄金時代

1.2.1 ワトソン−クリックの時代

　時代は分子遺伝学の輝かしい興隆期にあって，ベンザーが帰国して半年後には，ジム・ワトソン（James Dewey Watson，1962年ノーベル医学生理学賞受賞，図1・3）とフランシス・クリック（Francis Harry Compton Crick，同上）により"遺伝物質"DNAの二重らせん構造が発表されることとなる．DNAはデオキシリボース糖に塩基のついた核酸が延々とつながってできた鎖状の分子であり，この鎖が2本，反対方向に向かって絡まりあった二重らせんを形成している．

　DNAについている塩基にはアデニン（A），チミン（T），グアニン（G），シトシン（C）の4種類があってAはTと，CはGと結合するため，この対となる塩基が二つの鎖状分子の上できちんと符合するように並んでいるときには，チャックがしまるようにぴったりと向き合い，よじれながら二重らせんをつくるというのである．チャックの二つの鎖にあたるDNA鎖を相補鎖とよび，チャックの一つ一つの爪にあたるのが塩基で，ぴたりとはまる塩基の対を相補対という．チャックの爪が下端から上端まで並んでいるように，DNAのA，T，G，Cの塩基はさまざまな順序をとりながら鎖の上に延々と

図1・3　*satori*変異体について著者（左）と論議するジム・ワトソン（右）
1992年10月，三菱化成生命科学研究所にて（近藤俊三撮影）．

配列をつくっているのである．

　遺伝子はそれまで，分割できない粒子のようなものとしてとらえられており，DNAが遺伝物質であるといっても，概念としての遺伝子と実体としてのDNAとがどのように対応するのかについては不明であった．

　ベンザーは，ちょうどモーガンらが染色体の交差を利用して遺伝子の連鎖地図を作成したように，2000以上のバクテリオファージの突然変異株を掛け合わせ，各変異の起こった場所をDNA分子の地図に書き込んでいった．これにより，DNAの一続きの区間が分子レベルで一個の遺伝子に対応し，それがDNAの鎖の上に間を置いて並んでいることが判明した．この一つ一つの分割された区間をベンザーはシストロンと命名した．

　こうして，遺伝子の実体を分子レベルで理解するための一つの基盤が，ベンザーによって提供されたのである．

1.2.2　分子遺伝学のセントラルドグマ

　DNAの二重らせん構造が発表された頃から，遺伝情報がDNAからRNAという鎖状の核酸分子に写し取られ（転写），そのRNAに含まれる情報がタンパク質の合成（翻訳）に使われるという仮説は次第に力を増し，1958年にはクリックがこの見方をセントラルドグマ（図1・4）とよぶに至る．

　DNAとタンパク質とを橋渡しするRNAの存在を検出したのはケンブリッジ大学のシドニー・ブレンナー（Sydney Brenner，2002年ノーベル医学生理学賞受賞）らであり，これをメッセンジャーRNA（mRNA）と名づけて発表したのは1960年であった（真核生物のmRNAが初めて単離されたのはそれから約10年後，鈴木義昭による）．

　DNAの塩基の配列の仕方が遺伝情報の本体であり，その配列に基づいてタンパク質を構成するアミノ酸の並び方が決定されるというアイデアは，細菌の変異型タンパク質の詳細な研究によっても裏打ちされ，塩基三つで一つの遺伝暗号をなすとするコドン仮説が提唱された．

　その実験的検証の第1号となったのが，米国衛生研究所（NIH）のマーシャ

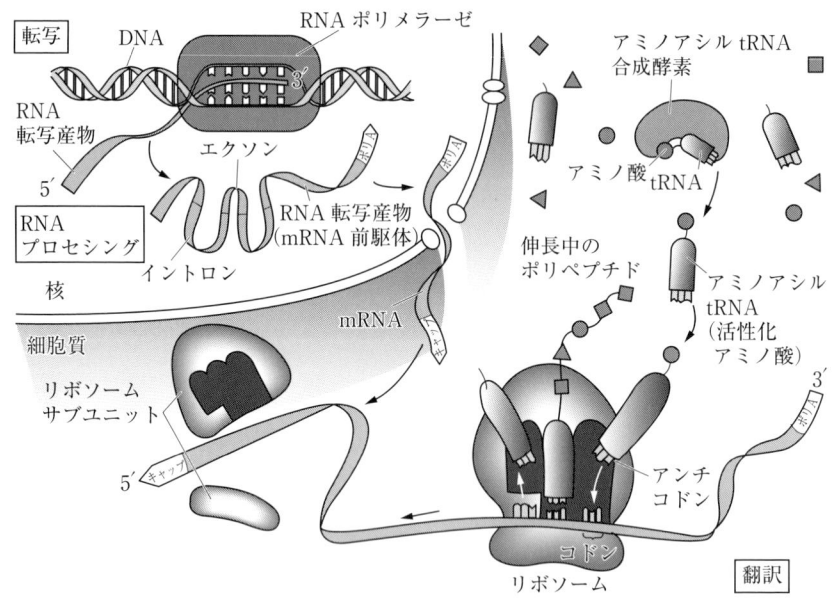

図 1·4　分子遺伝学のセントラルドグマ
（長野 敬・牛木辰男 監修，生物総合資料，増補四訂版，実教出版，p. 118, 2008 などを参考に作図）

ル・ニーレンバーグ（Marshall Warren Nirenberg, 1968 年ノーベル医学生理学賞受賞）とハインリッヒ・マタイ（J. Heinrich Matthaei）による 1961 年の論文である．RNA では T に代わってウラシル（U）という塩基がリボース糖についており，4 種の文字は A, U, G, C からなる．ニーレンバーグらは対照実験のつもりで，U だけがいくつもつながってできた人工 RNA をタンパク質合成装置のリボソームに加えたところ，アミノ酸のフェニルアラニンだけが数珠つなぎになったタンパク質がつくられてきたのだ．つまりリボソームは，人工 RNA を UUU（DNA では TTT にあたる）というコドンの連続と解釈して，UUU が指定するアミノ酸のフェニルアラニンをせっせとつないでタンパク質を合成したというわけである．そして 1966 年には，タンパク質の成分となる 20 種類のアミノ酸について全コドンが判明した．

こうして1960年代半ばまでには遺伝暗号解読が完了し，遺伝情報のセントラルドグマの全貌が明らかになったのである [1-10, 1-11]．

その結果，遺伝現象の一般原理の解明にしのぎを削っていた分子遺伝学のトップランナーたちの多くが，本質的な問題についてはほぼ解決してしまったという，ある種の目標喪失感を抱いたと思われる．

1.2.3　分子遺伝学から脳と行動へ

実際，遺伝現象のセントラルドグマの解明で中心的な役割を果たした何人もの分子遺伝学者たちが，この時期に新たな挑戦のため，大きな方向転換を図った．彼らが共通して目指した次なる標的は，"脳"であった．

脳の研究には長い歴史がある．その伝統的なアプローチは，神経接続を組織染色によって追跡する神経解剖学と，神経情報の流れを電気的にとらえる神経生理学とである．分子遺伝学者たちは，遺伝情報のセントラルドグマの解明で大きな成功を収めた分子生物学の発想と手法をここに当てはめ，脳研究に新たな息吹を吹き込んだ．

しかし，遺伝子の構造と機能に比して，脳神経系のそれは格段に複雑であり，ヒトの脳をありのままに解析することは絶望的に思われたであろう．そこで，"脳の単純化"が焦眉の課題となった．

1.2.4　脳を単純化して解析する

コドン解読のきっかけをつくったニーレンバーグも脳研究へと大きく舵を切った一人であった．彼は，哺乳類の脳をいったんばらばらに分解して，単純なシステムへと"再構成"しようと考えた．ニューロンを培養して神経回路を皿の上につくらせ，特異的な接続がつくられる仕組みを明らかにするというプランである．

遺伝情報のセントラルドグマを確立に導いた鍵の一つは，均一な遺伝的組成をもつ細菌やファージの活用であった．そこでニーレンバーグは"均一な遺伝的組成"をもつ神経細胞を得ようとして，株化細胞，それも単一細胞か

ら増やしたクローン細胞を求めた．

　結局，腫瘍起源のニューロブラストーマやグリオーマ，その融合細胞などに活路を見いだし，今日の培養神経細胞を用いた神経研究の基礎作りに大いに寄与した．しかし，"脳の再構成"には遠く及ばず，脳の出力である行動の理解にはつながらなかった．

　一方，"脳の単純化"を別の方法で達成したのが，やはり遺伝情報のセントラルドグマの確立に寄与し脳研究に転向したブレンナーやベンザーだった．二人とも，まるごとの脳を対象にすることを尊重したので，もともと"単純な"脳をもつ無脊椎動物を対象に，細菌やファージと同じような遺伝学的手法をそれに当てはめて脳と行動の分子レベルでの理解を目指したのである．ブレンナーは線虫を，ベンザーはショウジョウバエを実験材料に選んだ．

1.2.5　ベンザーの"転向"

　ベンザーにとっては再度の方向転換であり，40歳を超えて迎える人生三つ目の研究領域への挑戦である．ベンザー自身はこの"転向"の動機を次のように語っている [1-8]．

　「私は（転進する）前は遺伝子の構造を研究していました．（転進の）動機は，あくまで好奇心です．二人目の子供が生まれたとき，それは女の子だったんですが，その子の行動が一人目の娘とあまりに違っていることに，衝撃を受けたんです．だって，二人が育つ環境には，たいした変化はないんですから．ちょうどその頃，神経系についての本をいろいろ読んでいて，そこでは神経がどうやってネットワークを組み立てていくのかについて，論じられていました．自分は遺伝子中の情報がタンパク質に翻訳される仕組みを研究してきたものですから，（その先の）ゲノムから神経系へはどうやってつながっていくんだろうと考えて思わず興奮を覚えました．

　そのとき読んだ本の一つが，Caltech（カリフォルニア工科大学）にいたロジャー・スペリー（Roger Wolcott Sperry，1981年ノーベル医学生理学賞受賞）の研究を紹介していました．スペリーは，発生しつつあるニュー

ロンが特異的な化学的因子によって色分けされており，それに従って正しい相手と接続できるのだ，そしてそのすべてが遺伝的なコントロールを受けている，という仮説を強烈に押し出していました．そこで私は，神経生物学と行動について学ぶため，Caltechのスペリーの研究室へパーデュー大学からサバティカルで行くことにしたんです.」

1.2.6 スペリーの分割脳研究

スペリーは，ヒトの分割脳患者の認知機能の研究でノーベル賞を受賞した著名な研究者である．てんかんの治療のため，大脳右半球と左半球をつなぐ神経束である脳梁と前交連の切断を受けたこうした患者たちでは，左右の脳の間で神経の情報のやり取りができなくなっている．

分割脳患者をスクリーンの前に座らせてそこにいろいろなものを映し出し，名前を答えさせる（図1・5）[1-12]．たとえば，「鍵」を左視野，「指輪」を右視野に映し出して，何が見えたかを聞いてみる．すると患者は，右視野に提示された「指輪」だけを答え，左には「何も見えなかった」というので

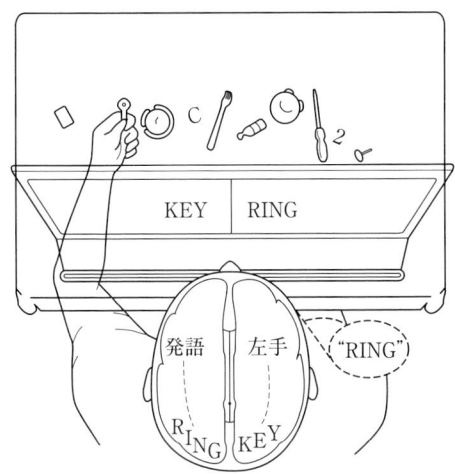

図1・5 スペリーによる分割脳患者の認知機能研究
(Spery, R. W., 1968, The Harvey Lectures, Series 62, Academic Press, pp. 293-323 [1-13])

あった．ところが，患者には見えないようにして鍵や指輪の実物を机の下で触らせ，スクリーンに映ったものを選ばせると，左手で正しく左視野に映っている「鍵」をつかむ反面，左手でつかんだものの名前を尋ねると右視野に映ったもの（たとえば指輪）の名前を答えた．

こうしたスペリーの発見，そしてそれに続く幾多の研究から，脳の右半球と左半球とはその働きに違いがあり，とくに左半球が言葉の操作では優位に立っていることがわかったのである．視覚情報は脳に入ると大半が左右交叉して反対側に送られるため，右半球で見たものは言語中枢である左半球に達し，言語として表現されやすいのであろう．通常ならば脳梁や前交連を通って共有され調整される情報が，分割脳患者では片方の脳でしか処理されない結果，上のような奇妙な現象が起きるのである．

1.2.7　ベンザーとルイス

ベンザーが滞在した頃，スペリーの研究室には，サル，ネコ，魚，ニワトリ，カエルなど，多種多様な動物たちがひしめいていた．しかしベンザーにはどれも今一つピンとこない．遺伝子と行動とのつながりを知るには，一匹ずつ相手にするのではなく，遺伝的に均一なグループを集団で扱えるのがベストだ．

同じフロアを少し先にいったところで，ベンザーは運命の出会いをすることになる．そこにはショウジョウバエの形態形成遺伝子の発見で名高いエド・ルイス（Edward B. Lewis, 1995 年ノーベル医学生理学賞受賞）がいた．ショウジョウバエ，これこそ，ベンザーが求めていた理想の実験材料となるに違いない．さっそくエドからショウジョウバエを分けてもらい，ベンザーは活動を開始した．

1.2.8　なぜ，ショウジョウバエか

なぜショウジョウバエなのかについて，ベンザーはこう述べている [1-8]．「すべての行動は（遺伝と環境）両方の所産である．遺伝の寄与をはっきり

捕まえるには，環境を一定にして遺伝子の側を変える必要がある．ヒト相手ではこれはちょっと無理である．ヒトというのは協力するのをいやがるし，自由に操作することもできない．遺伝学の研究は何世代にもわたるから，これでは困る．そこで，行動研究を目指す分子生物学者は，モデル動物探しから始めなければならないのだ．単純なやつならいいというものではない．ヒトとの対比が難しくなるからだ．複雑な相手は解析が難しい．大腸菌，ゾウリムシ，藻菌類，輪虫類，線虫，マウスなど，いろいろな生物が世間では使われている．ここでショウジョウバエは，(単純なものと複雑なものとの)ちょうど中間にいる．まず，その大きさ．ショウジョウバエは大腸菌とヒトの中間である．次に神経細胞の数．大腸菌を，行動反応を示すという意味で一個のニューロンと見なすと，ヒトのニューロンはおよそ 10^{12} 個，一方ショウジョウバエは 10^5 個なので，対数にすればちょうど中間と言える．さらに世代時間．ショウジョウバエは大腸菌の約1000倍，ヒトの1000分の1だ．・・・(中略)・・・このモデル動物から得られる(遺伝や発生に果たす遺伝子の役割についての)知見は，ほとんどそのままヒトにも当てはまるのだ．・・・(中略)・・・このちっぽけな生き物を決して侮ってはならない．」

1.2.9　ショウジョウバエは"脳研究の大腸菌"

　ベンザーは，遺伝情報のセントラルドグマの確立で大腸菌とファージが果たした役割を，行動を生み出す遺伝子を解明するにあたってショウジョウバエに担わせようとしたのである．そして使う戦術も，同じである．狙った行動に異常の起きた突然変異体をまず見つける．そして，その突然変異体で変異の起きている遺伝子を突き止める．これである．

　遺伝学のこのアプローチは，そこにどのような分子が関わっているのか，いかなる仕組みが介在しているのか，について何の推論も予備知識も必要としない．"行動"という漠としてとらえがたい複雑な対象が相手であっても，それに特異的に作用する突然変異体さえ手に入れることができれば，後はそれを解析するのみである．それで答えを出せるのだ．

1.3 ベンザーの走性研究

1.3.1 光走性に始まるベンザーの行動研究

　ベンザーが最初に試みたのは，行動の中でも一番単純な種類とされている"走性"に異常の起きた突然変異ショウジョウバエの探索である．走性とは，刺激を受けた動物がそれに定向的に近づいていく，または遠ざかっていく運動をさす言葉である．運動を引き起こす刺激の種類に応じて，化学走性，重力走性，気流走性，光走性，温度走性などとよばれている．

　ショウジョウバエの成虫は正の光走性，つまり光に向かっていく性質をもつ．ベンザーはこの光走性に異常の生じる突然変異体をとることにした．大腸菌での遺伝子研究が教えてくれた成功への秘訣は，徹底した突然変異誘発，それによって関係する遺伝子すべてに対応する突然変異体を得ること（飽和変異誘発）にあった．

1.3.2 飽和突然変異誘発と効率的スクリーニング

　この戦法をショウジョウバエの光走性突然変異の分離に適用すべく，効率的で再現性の高い変異体スクリーニング法を考案することが喫緊の課題として浮上した．

　そこでベンザーが編み出したのが，"向流分配装置"（図 1・6）[1-14] である．これはアルミの枠に試験管をいくつも並べてはめ込んだものを二つ向き合わせてつくった装置で，1 本の試験管にショウジョウバエの成虫を入れて反対側から光を当てると，光走性に従って，ハエは向き合っている試験管に向かって素早く移動する．次に擦り合わせを動かしてハエの入った管を隣の列の管と連結して，そちらにたたき落とす．反対側の管も隣の列につなぎ換え静置すると，ハエは再び光走性によって反対側の管へと入っていく．これをくり返していくと，一連のテストの最後には，毎回光に向かって走ったハエは一番右の管に溜まり，反対に一度として光に向かわなかったハエは一番左の管に残っているだろう．そして，光走性の強さに応じて，途中の管にもハエが

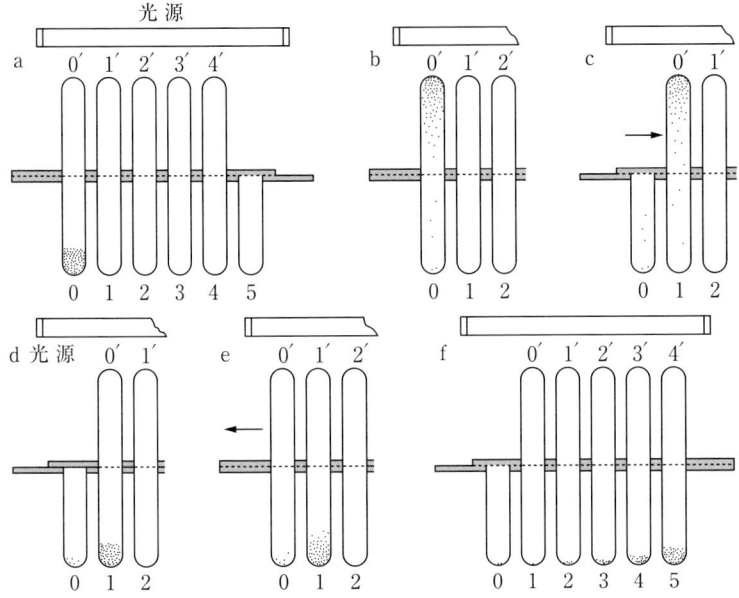

図 1·6　ベンザーの向流分配装置
(引用文献 [1-14] を改変)

分配されることになるはずだ．この方法なら，大量のハエの集団を相手に，効率よく，定量的に光走性の評価ができる（図 1·7）．

ハエの各管への分布は次の式で与えられる．

$N_r / N = [n! / (n-r)! r!] \, p^r (1-p)^{n-r}$

ここで，N はハエの総数

N_r は r 番目の試験管中のハエの数

r は試験管の番号（最初から数えて r 回目の光走性テスト）

n は試験管の総数

p は光走性を示す確率　である．

1.3.3　突然変異誘発

そこで，実際に突然変異誘発をしたショウジョウバエで光走性スクリーニ

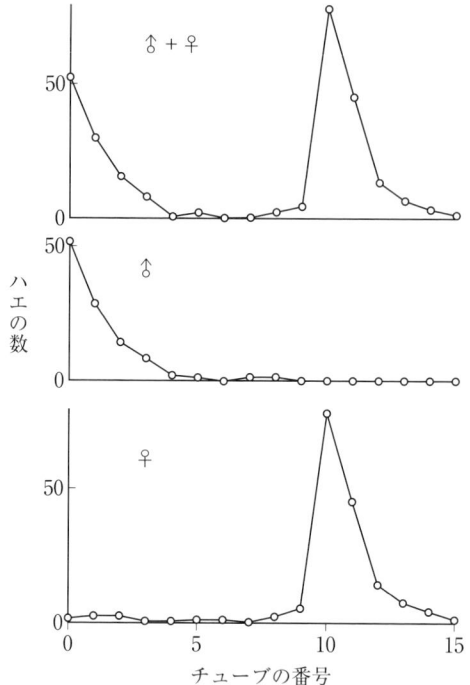

図1・7 向流分配装置を用いて得られたある突然変異系統の光走性反応
(引用文献 [1-14] を改変). 横軸の番号は図1・6のチューブ番号に対応する. 強い光走性を示すものほど, 右側に集まる. 光走性を失わせる突然変異をX染色体にもつ (X^m) 系統の例で, 付着X染色体 (XX) によって維持している. 雌はXXY, 雄は X^m Y であるため, 光走性は雌は正常, 雄は異常である.

ングをすることになった. 突然変異を誘発する方法としてこの当時最も人気だったのは, エチルメタンスルホン酸 (EMS) などの化学物質を作用させるものだ. EMS はアルキル化剤で, DNA の塩基を修飾して別の暗号に換えてしまう. ショウジョウバエのゲノムは, 第1から第4までの染色体から構成されている. 第1染色体は性染色体で, 雌は XX, 雄は XY の組合せである. Y 染色体にはわずかしか遺伝子はない. また, 第4染色体はごく短いので, 通常は考慮の外においている.

結局, X 染色体と常染色体 (A) である第2, 第3染色体, 計3本を相手にすることになる. 上記の飽和変異誘発を行うならその全部が対象になるが, 最初の試みとしてX染色体だけに焦点が当てられた.

1.3.4 付着 X 染色体の利用

X 染色体に限定すると，実験操作が大幅に簡略化されるのが魅力である．キイロショウジョウバエでは，モーガン以来，多種類の可視的突然変異や染色体の構造変化系統が蓄積されていて，それらを実験の道具（ツール）に利用できる．ベンザーとその弟子たちに重用されたツールの一つが，付着 X 染色体（$\widehat{XX}$）であった．

これは名の通り二つの X 染色体がくっついてしまったもので，細胞（核）分裂に伴う染色体分配の際にも分かれることなく，常に同じ娘細胞に一緒に入っていく．付着 X 染色体をもった卵子と，X 染色体をもつ精子とが受精すると，$\widehat{XX}X$ の受精卵ができるが，これは発生できず致死となる．

それに対して Y 染色体をもつ精子と受精した場合には，$\widehat{XX}Y$ となり，これは正常に発生する．キイロショウジョウバエでは，Y 染色体に性を決める働きはない．常染色体の種数に対する X 染色体の本数の比（X/A）で性が決まる．常染色体は通常，第 2，第 3 の二種類（A = 2）であるから，XX（X = 2）の個体であれば X/A は 1 である．これに対して XY の個体は X/A は 0.5 になる．X/A が 1 以上のとき，その個体（細胞）は雌に分化し，0.5 であれば雄に分化する．したがって，$\widehat{XX}Y$ のキイロショウジョウバエは雌である（ヒトでは Y 染色体上に雄決定因子 *Sry* が存在するため，XXY は男性でクラインフェルター症候群として知られる障害を伴う）．

XY の雄と交尾して生じる残りの組合せは YY と XY であるが，このうち YY は致死で発生しない．結局，毎代，$\widehat{XX}Y$ の雌と XY の雄だけが生じるので，選抜なしに変異誘発を受けた X 染色体を維持し続けることが可能である．

1.3.5 単一遺伝子突然変異で行動に迫る

こうして変異誘発をかけたショウジョウバエ集団の行動評価を向流分配法によって行うと，光に向かって走るという性質に変化の生じた系統が各種見つかってきた．しかしこれらのすべてが，光走性の異常と断ずることはできない．たとえば運動機能に障害があり移動速度が遅くなった系統は，光走性

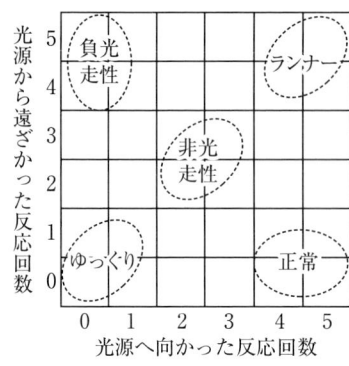

図1・8 図1・6とは逆に0'のチューブにハエを入れて光から遠ざかる負の光走性反応を調べ，性の光走性実験の結果と組み合わせると，5通りの行動パターンが区別できる（引用文献 [1-16] を改変）.

自体は正常であっても，向流分配法では正常な個体より"反応の鈍い"ものに分類されるだろう．

そこでベンザーは，最初にハエを入れるチューブを光源の反対側ではなく光源の側にして，光を背にしたときの行動を向流分配法により調べた．光に対面した場合と光を背にしたときのデータを各系統についてプロットすると，それぞれの系統の行動異常をいく通りかに分類することができた．すなわち，光に向かって走る「正常型」の他に，光の影響を受けない「非光走性系統」，光とは逆の方向へ向かう「負の光走性系統」，光とは関係なく反対側に走っていってしまう「ランナー系統」，入れられた管にとどまっている「ゆっくり系統」である（図1・8）．

これらの結果は1967年，米国科学アカデミー会報（PNAS）に発表され [1-14]，単一遺伝子突然変異を誘発して行動の仕組みを要素還元的アプローチによって解明しようという行動遺伝学の第1ページがこうして開かれたのである．

1.3.6 堀田凱樹とベンザーの視覚研究

とは言うものの，こうして得られた変異系統の行動異常が，どの組織（細胞）のどのような異常によっているのか，また変異の起きた遺伝子がどういう遺伝子なのかといった"一番知りたい点"は，不明であった．

この頃，東京大学からベンザーの研究室に留学したのが，堀田凱樹（よしき）である．堀田はもともと電気生理学（7章）的な研究をしていたので，ベンザーは堀田に，ショウジョウバエの行動異常突然変異体から脳波を記録するように言ったそうである．しかし脳波は高等脊椎動物からしか記録された試しはない．そこで堀田は，網膜電図（ERG）を記録して，行動異常に対応する生理的変化をとらえることにした [1-15]．

ERG は複眼にガラス微小電極を刺し込んで光刺激を与え，刺激に応じて生ずる電位を記録したもの（図 1·9）で，複眼を構成する多くのニューロンの応答が加算された集合電位を細胞外誘導したものである．光を当てた瞬間と光を切った瞬間に素早い双極性の振れ（ON-transient と OFF-transient）が生じ，それに加えて大きなマイナスの電位変化（緩電位）がゆっくりと減

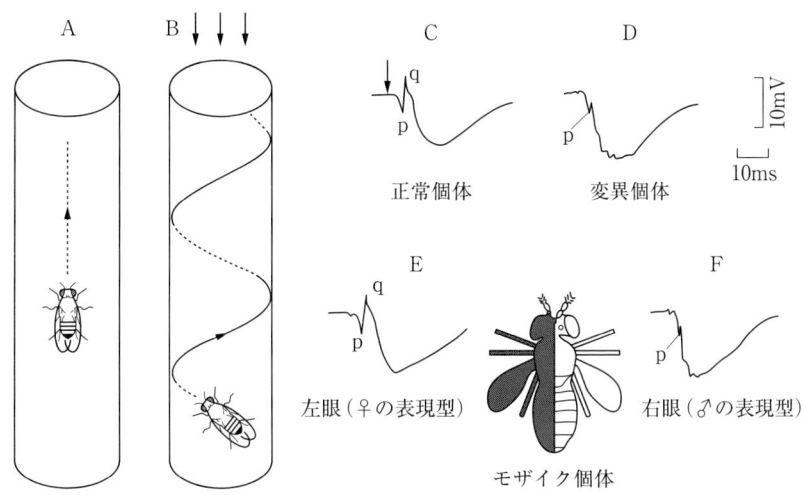

図 1·9　片眼が視覚異常の変異型となった性モザイクのハエはらせんを描いて光源に向かう（B）．暗黒下では立てた筒を負の重力走性によって直進する（A）ので運動機能は正常である．（C）〜（F）ERG．野生型では光照射の開始と終了に対応して ON トランジエント（p），OFF トランジエント（q）という速い電位変化とそれに続く緩電位が見られる．ある視覚突然変異体では速い電位成分がなくなる（D）．モザイク個体では，左右が別々に正常型，変異型の表現型を示す（E，F）（引用文献 [1-15] を改変）．

衰しながら持続する．

詳しい研究から，緩電位は光受容細胞に発生する受容器電位に対応し，ON および OFF transient は網膜の光受容ニューロンからの信号を受けて視葉の介在ニューロンに発生するシナプス後電位に対応することがわかっている．

1.3.7 ギナンドロモルフとは

堀田とベンザーは，光走性の異常によって分離された突然変異体系統の中から，感覚情報の処理に異常をもつものを選別，濃縮して，その後，ERG の記録によって詳しい解析を進めるという戦法をとることにした．そこで使われたのが，雌雄モザイク個体（ギナンドロモルフという）であった．

昆虫には雌雄で斑紋が著しく異なる種が多く，左右（あるいはより部分的な境界）で雌雄に分かれている個体がまれに自然界に存在することが古くから知られている．これがギナンドロモルフで，雌の細胞と雄の細胞とが合わさって，一つの個体をつくっている．

キイロショウジョウバエには，ギナンドロモルフが高確率に生ずる系統がある．その一つは $In(1)w^{vc}$ という系統で，不安定環状 X 染色体（X_R）をもつ．X_R 染色体はその保有個体の 20〜30％において，第一核分裂後に娘核の一方から失われる．正常な X 染色体と X_R とをもつ雌の個体でこの現象が起きると，XX_R と XO の娘核ができることになる．前者の核がさらに分裂を続けて多くの XX_R の細胞が生まれ，後者の核もまた分裂を続けて XO の細胞が多数つくられる．前述したように，キイロショウジョウバエの性は X/A によって決まるため，XX_R の細胞でできた組織は雌となり，XO の部分は雄となる．こうして，ギナンドロモルフが生まれる．

1.3.8 生理学的異常の原因部位をモザイク個体を使ってマッピングする

向流分配法で得られた光走性に異常を示す突然変異は X 染色体に乗っているので，その変異系統を X_R 系統と掛け合わせると，XO となった組織で

は問題の変異についてヘミ接合となり，劣性変異であっても表現型が現れる．XX_R の組織ではその変異についてヘテロ接合となり，優性変異でない限り表現型は現れない．

ギナンドロモルフでは正中線に沿ってモザイク境界ができる場合が多いため，右または左の眼が突然変異，反対側は正常という個体，つまり片眼だけ視覚異常の個体が出現する．こうした個体は光源に向かってらせん状に歩く．しかし，真っ暗の条件ではまっすぐに動くため，視覚に異常があるのか，運動機能の異常なのかを簡単に見分けることができる（図1・9）．

視覚異常と判定された系統について ERG を記録してみると，ON-OFF-transient だけが失われたものや，緩電位自体が消失したものが見いだされ，それらは五つの遺伝子座の変異に分類できた [1-15,1-16]．

堀田とベンザーのこの研究とほぼ同時に，パーデュー大学のビル・パク（William Pak）たちは EMS 処理した約3万のショウジョウバエ個体から行動実験をせずに ERG を直接記録し，23種類の突然変異体を分離した．こうして収集された視覚異常の突然変異体の一つ一つについて順次詳しく研究され，パクやジェリー・ルビン（Gerald M. Rubin, 図1・10）のグループを中心に，視覚情報処理の分子メカニズムの解明が急ピッチで進められていった．

図1・10　*pokkuri* 変異体に関する著者（左）のポスターの前でジェリー・ルビン（右）と共に
1989年10月，コールドスプリングハーバーショウジョウバエ神経生物学研究会にて（チュンファン・ウー撮影）．

1.4 本能行動と学習の研究

1.4.1 もっと複雑な行動へ！

これに対してベンザーは，より複雑な行動の解析を行うことに力を注いだ．単一遺伝子突然変異の分離では，サーカディアン（概日）リズムが異常になる変異体, *period*（*per*）を 1971 年に発表 [1-17]（変異体の発見は 1968 年 [1-18]），また 1974 年にはベンザー研のチップ・クイン（William Quinn）が電気ショックと匂いの連合学習システムを確立し [1-19], 1976 年にはヤーディン・デュダイ（Yadin Dudai）らが学習記憶障害の突然変異体第 1 号となる *dunce* を発表している [1-20]．これら二つの突然変異体分離は，その後のショウジョウバエ行動遺伝学の 2 大潮流となるサーカディアンリズムと記憶学習の分子機構解析に突破口を切り開いた．

per 突然変異体の分離に際しても，EMS による変異誘発と付着 X 染色体とを組み合わせる手法がとられた [1-21]．行動スクリーニングの対象となった行動は，成虫の移動運動リズムと羽化である．移動運動の測定では，一頭一頭を餌の入ったチューブに入れ，中央に赤外線ビームを通すことで，このビームがハエによって遮られる回数を自動記録できるようにした．その記録の集計をアクトグラム（行動記録図）という．

これに対して，蛹から成虫が出てくる行動が羽化であり，一頭の個体にとっては一生に一度のことであるが，集団として測定すると，羽化時刻のサーカディアンリズムをとらえることができる．

1.4.2 コノプカによるリズム異常変異体 *period* の分離

ベンザー研の大学院生だったロナルド・コノプカ（Ronald Konopka）は，変異誘発した多数のハエを通常の明暗（人工の昼夜）が 12 時間で交代する条件から全暗条件に移して飼育し，その後上記の二つの行動についてスクリーニングを行って，三つの独立の突然変異体を分離した．全暗環境の下でリズムが観測されたとすると，それは外界の明暗に対する直接的な反応では

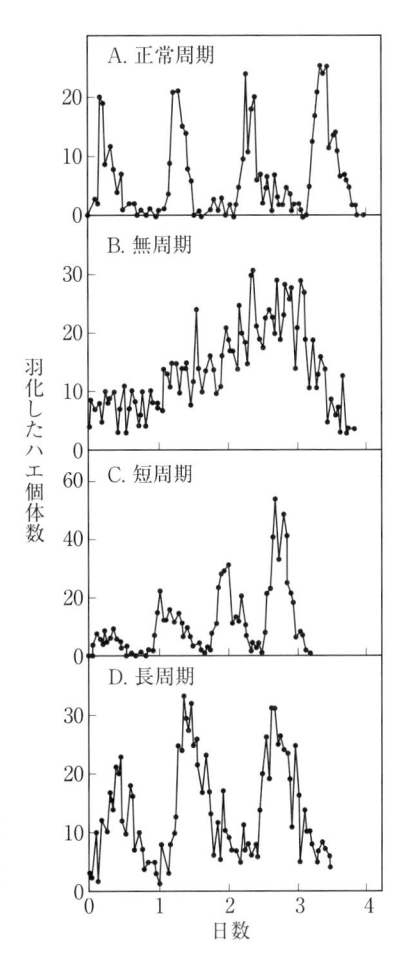

図 1·11 羽化個体数のサーカディアンリズム
(A) 野生型．(B)〜(D) コノプカとベンザーが分離した三つの異なる突然変異体．全暗下に置いて外界の光の影響を除外すると，内因的なリズム（自由継続リズム）が顕在化する．横軸は羽化後日数（引用文献 [1-18] を改変）．

なく，体の中の測時機構（体内時計）が生み出す内在性リズムのはずである．このような内在性リズムを"自由継続リズム"という．

コノプカの実験では，野生型雌が示す移動運動の自由継続リズムの周期は 23.8 時間であった．これに対して，一つの系統では周期が 19 時間に短縮，もう一つの系統では逆に 28 時間に延長していた．3 番目の系統では，周期性がまったく検出できなかった（図 1·11, 1·12）[1-17]．

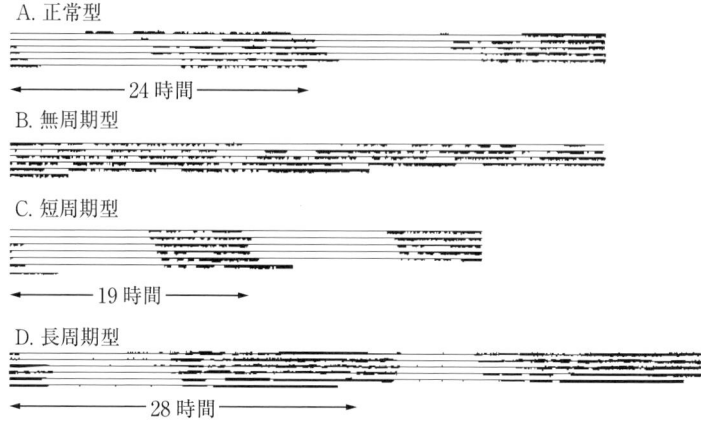

```
A. 正常型
―― 24 時間 ――
B. 無周期型

C. 短周期型
―― 19 時間 ――
D. 長周期型
―― 28 時間 ――
```

図 1・12　移動運動のサーカディアンリズム
アクトグラムは同じ一日分を 2 サイクル横に張り合わせて自由継続リズムの周期を見やすく表示している．図 1・11 と同じ遺伝子型の系統(引用文献 [1-18] を改変)．

　これら三つの変異系統は独立に得られたのであるから，三つの違った遺伝子にそれぞれ変異が生じた結果，リズムに異常が起きたというのが一つのありそうな可能性である．それとは反対に，同じ遺伝子に違ったタイプの変異が生じて，リズムの異常を引き起こしたという可能性も否定できない．

1.4.3　劣性と優性

　同じ遺伝子に起きた独立の変異なのか，異なる遺伝子に生じた変異なのかを見極める最も簡便な方法は，遺伝的相補性検定である．ショウジョウバエのような二倍体生物は，一般的には同質の染色体を 2 本ずつもっている．いわゆる相同染色体対である．ただし性染色体については，一方の性は相同染色体をもたない．たとえば，キイロショウジョウバエの雌は X 染色体を 2 本もつ（相同染色体がある）のに対して，雄は 1 本（相同染色体がない）である．

　多くの突然変異は，正常な遺伝子の機能が失われる（機能喪失型変異）か，

低下したもの（機能低下型変異）であり，正常型遺伝子の乗った相同染色体と対になったヘテロ接合の状態では，その正常型遺伝子が機能を果たすので，変異表現型は現れない．この場合，表現型となって現れる野生型の形質を優性形質，表現型として顕在化しない変異型の形質を劣性形質という．劣性変異の表現型は，相同染色体の2本がともに，問題の遺伝子に変異を有している場合に出現する．ただし，XYという性染色体構成の個体のX染色体上に劣性変異遺伝子が乗っている場合には，正常型遺伝子が存在しないため，変異表現型が現れる．

　突然変異によっては，遺伝子の機能が失われたり減退するのではなく，異常な働きをするような変化（機能獲得型変異）が起きることがあり，この場合には正常型遺伝子が存在していても変異型遺伝子の"悪事"を正すことができずに，変異表現型が現れる．これが優性変異である．一般には劣性変異が多く，ヘテロ接合体の表現型は野生型と変わらない．

1.4.4　遺伝的相補性検定

　この原則に基づけば，二つの突然変異が同じ遺伝子に起きたものか否かは，それぞれの変異が乗った染色体を相同染色体対としてもつ個体（トランスヘテロ接合体）を交配によってつくりだし，その個体の表現型が野生型と同じであるか異なっているかを調べればよいことになる．同じ遺伝子に二つの変異が生じている場合は，トランスヘテロ接合体の表現型は変異型となり，別々の遺伝子の変異である場合には，その表現型は野生型と同じである．こうして，二つの変異が同じ遺伝子に生じたのか否かを決定することを遺伝的相補性（シス-トランス）検定という．

　トランスヘテロ接合体が変異表現型を示す場合，二つの変異は相補しない，という．逆にその個体が野生型の形質を示す場合には，二つの変異は相補する，という．ある形質について，相補しない変異が存在するゲノムの区間を遺伝子座とよび，一つの遺伝子が占めるゲノム上の領域を意味する．

1.4.5 三つのリズム変異が同じ遺伝子座にマップされた

リズムの異常を示した三つの突然変異系統について遺伝的相補性検定を行ったところ，この三つすべてが互いを相補しないことがわかった．すなわち，三つとも同じ遺伝子座の突然変異なのである．コノプカとベンザーはこの遺伝子座を $period$（per）と命名し，リズムがなくなる変異を per^0，リズムの周期が長くなる変異を per^l，短くなる変異を per^S とよんだ．これらは野生型の per 遺伝子（しばしば野生型を + で標記するので，ここでは per^+ となる）がそれぞれに異なる形に変わったもの，つまり一つの遺伝子座のバリエーションである．per^+, per^0, per^S, per^l を per 遺伝子座の異なるアリル（対立遺伝子ともいう）と表現する．

per^0 と per^l とをもつ個体（ヘテロアリル個体）は per^l と同じく長い周期を示し，per^0 と per^S をもつヘテロアリル個体は per^S 同様に短い周期を示す．野生型の per^+ と組み合わせると，そのヘテロ接合体は正常なリズムを発生させた．つまり，per^0 は他のすべての per アリルに対して劣性であり，遺伝子の機能を完全に失ったもの（"ナル（null）"，という）と推定された．野生型とのヘテロ接合にしたとき，per^l は野生型のリズムをもたらすので劣性であり，per^S は周期を速めるので優性である．このことから，per 遺伝子のリズムを生み出す活性は，$per^0 < per^l < per^+ < per^S$ の順に高いと予想される．

たった一個の遺伝子の変化で体内時計のリズムが劇的に変化するという発見は，行動と遺伝子との関係が，酵素と遺伝子との関係と同じ枠組みでとらえられることを教えている．私はこの論文を5年後の1976年，大学4年生のときに読んで衝撃を受け，その後の自分自身の研究がこれによって大きく方向付けられた．

1.4.6 学習するハエ

per は本能行動を変えてしまう単一遺伝子突然変異であったが，ベンザーたちはさらに，本能に対置される概念である習得された行動，つまり学習に異常の起きる突然変異体をとる準備も進めていた．クインが中心となって，

1.4 本能行動と学習の研究

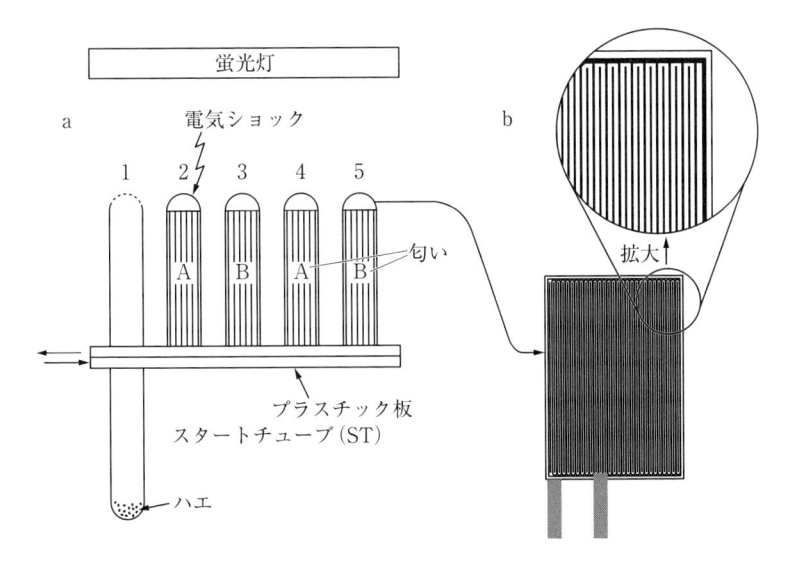

図 1・13　匂いと電気ショックの連合学習装置
(a) は全体像，(b) はグリッドの拡大図（引用文献 [1-20] を改変）

電気ショックと匂いをショウジョウバエに連合させる実験システムを開発し，1974 年にその成功を報じた．

その実験システム（図 1・13）は，向流分配装置と同様のチューブをはめ込んだ擦り合わせ器具を用いる．光を使ってスタートチューブとは反対側のチューブにハエをおびき出し，そのチューブに入れておいたグリッドに通電して電気ショックを与える．あらかじめチューブ内に匂い物質（たとえばオクタノール）をつけておくと，ハエは電気ショックを受ける直前にオクタノールの匂いをかぐことになる．その後，ハエをスタートチューブにたたき落とし，先ほどの隣のチューブに擦り合わせをずらして，再び光に向かって走らせる．このチューブには別の匂い，たとえばアミルアセテートをつけておく．そして電気ショックは与えない．この一連の操作をトレーニングとして何度もくり返す．

もしハエに学習能力があるならば，オクタノールの匂いは電気ショックが

やってくる危険なサインであり，アミルアセテートの匂いは平和のサインというように，匂いと電気ショックの有無の因果関係をこのトレーニングによって覚えるだろう．

1.4.7　匂いと電気ショックの古典的条件づけ

　トレーニングの後，すぐにテストを行ってみる．基本的な操作はトレーニングのときと同じであるが，テストの際にはアミルアセテートの入ったチューブのみならず，オクタノールの入ったチューブにも電気ショックは与えない．つまり，どちらのチューブに入っても安全である．にもかかわらず，トレーニングを受けた多くのハエは光の"誘惑"に打ち勝ってオクタノール入りのチューブには入っていかず，アミルアセテート入りのチューブには平気で入っていったのである（図1・14左）[1-19]．

　このように，ショウジョウバエは中立の手がかり刺激（匂い）と危険な侵害刺激（電気ショック）とを結びつける学習課題（連合学習課題）を見事にこなしたのである．電気ショックはハエにどんなときでも無条件に回避行動をとらせる刺激なので，無条件刺激という．使われた匂いは普段，ハエに特別な反応を引き起こさないが，侵害刺激などに先行して与えられるという条件でのみ，反応を起こすようになる刺激なので，条件刺激という．条件刺激と無条件刺激とを連合させるこのような学習は条件づけともよばれる．

1.4.8　学習も遺伝子で決まり!?

　ハエが学習できるとなれば，次なる目標はこの実験システムを使って学習異常突然変異体を分離することである．その目標の達成までにさして時間はかからなかった．ベンザー研のデューダイたちは，嗅覚や電気ショック感受性が正常であるにもかかわらずいくらトレーニングしても危険な匂いを避けるようにならない学習障害突然変異体を探索し，ついにその第1号，*dunce*（*dnc*）の分離に成功した（図1・14右）[1-20]．1976年のことである．

　その後，トレーニングしてからテストするまで少し時間を空けることで，

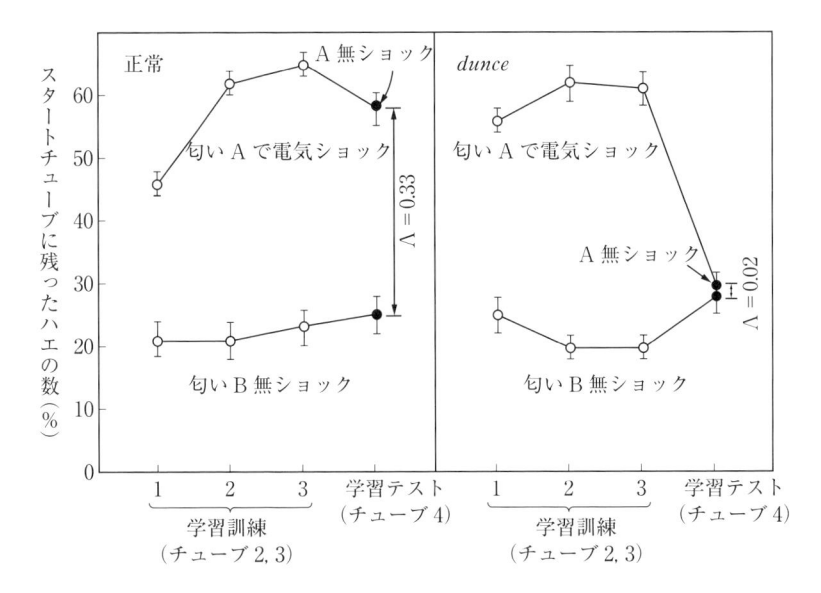

図1・14　図1・13の装置で学習させた実験の結果
スタートチューブに残ったハエの割合を縦軸にとり，3回のトレーニング時とテストのときの値を比較．トレーニング時には，電気ショックがかかる匂いAのチューブに入ったハエはスタートチューブに逃げ帰ってくるため，高い割合を示す．野生型個体では，電気ショックがかからないテスト時にも学習の結果としてスタートチューブに居残るが，*dunce*変異体は匂いチューブにどんどん入っていってしまうため，スタートチューブにはわずかしか残らない．Λを学習指数と定義する（引用文献[1-20]を改変）．

学習はできるもののすぐに忘れる記憶障害突然変異体もさみだれ式に分離されていった．また，匂いと電気ショックの連合ではなく，色の違いを手がかりとして振動刺激を回避する連合学習や，侵害刺激という罰を用いる負の条件刺激に代えて，砂糖を報酬にした正の条件づけ，さらに幼虫を用いての学習実験など，多様なパラダイムが発展していった．

そうした研究によって，*dnc*は実際には記憶障害の変異体であり，あまりに速く忘れてしまうため，当初の実験では学習そのものの障害に見えたのだということがわかっていった．

1.4.9　突然変異体から原因遺伝子へ向かう困難

　このように，複雑な行動が一個の遺伝子の突然変異によってがらりと変化するという論文が次々に発表され，またちょうどこの頃，動物行動学の3人の先達，コンラート・ローレンツ（Konrad Z. Lorenz），ニコ・ティンバーゲン（Nikolas Tinbergen），カール・フォン　フリッシュ（Karl Ritter von Frisch）がノーベル医学生理学賞を受賞（1973年）して，行動の生成メカニズムの解明への期待はいやが上にも高まっていった．しかし，新規変異体の分離を報じる論文を読むにつけ，ある不満も少しずつ首をもたげ始めた．どの論文も，新しく見つかった変異の原因遺伝子が何であるかがわかれば，その行動をつくりだすために必要な分子の仕掛けが理解できるようになるだろう，と言ったような言葉で終わっているのだが，その変異原因遺伝子の本体が何なのかを明らかにする論文は，いっこうに現れないのである．

　しかし，それは無理からぬことであった．当時，真核生物の遺伝子の構造はろくにわかっていなかったのである．やがて真核生物の遺伝子構造の解明を可能にすることになるDNA組換え技術は，1972年にポール・バーグ（Paul Berg，1980年ノーベル化学賞受賞）の研究室でようやく産声を上げたところだったのだ [1-21]．

　それはSV40ウイルスにラムダファージの遺伝子と大腸菌のガラクトースオペロンのDNAを組み込んだ実験であった．ショウジョウバエの染色体DNA断片をプラスミドに組み込んだ田中輝男らの実験 [1-22] や，同様にプラスミドに組み込んだショウジョウバエ染色体のランダムな断片を唾腺染色体に対合させるインサイツハイブリダイゼーション（*in situ* hybridization）の実験（デイヴィット・ホグネス [David Hogness] のグループ）などが1975年に発表 [1-23] され，ショウジョウバエ分子遺伝学の幕開けとなる．

2章
分子レベルの行動遺伝学

　1972年,バーグたちが初めてのDNA組換え実験に成功し,遺伝子をクローニングしてその構造を系統的に調べる道が切り開かれた.すぐにショウジョウバエでも遺伝子クローニングが始まった.行動に関する突然変異の原因遺伝子として最初にその俎上に上ったのは,サーカディアンリズムに異常を引き起こすピリオド (period, per) であった.二つの研究グループの熾烈な競争を経て,1984年には period 遺伝子の全構造が明らかにされ,今世紀に入る前には,サーカディアンリズム発振の分子機構の大筋が解明されてしまった.サーカディアンリズム発振の分子機構は,細部は別としても全体としてはヒトを含めた哺乳類まで保存されており,ショウジョウバエで得られた成果がもつ一般性を強く印象づけることとなった.本章では,行動の分子遺伝学の発展を period 遺伝子研究に焦点を当てて論じ,その中で行動の分子機構解析に有効なツールの数々についても紹介する.

2.1　分子遺伝学の飛び道具

2.1.1　DNA組換え実験始まる

　DNA組換え技術に,その計り知れない有用性と同時に予測不能な危険性を自覚した研究者たちはまもなく自発的に実験を中止し,組換えDNA実験の国際的ガイドラインの作成を急いだ.この決定を行ったのが1975年のアシロマ会議である.

その後の展開は速く，ショウジョウバエの分子遺伝学はホグネスの研究室を牽引車として一気に広がっていった．ホグネス研で修行をつんだマイク・ヤング（Michael Young）はやがて独立して，発生制御のキープレイヤーである *Notch* 遺伝子のクローニングに成功し一躍有名となり，それに隣接する *period* 遺伝子のクローニングへと進んでいった．また，ホグネス研のもう一人の若大将，ルビン（図 1・10）は，その後アラン・スプラドリング（Alan Spradling）の研究室で P 因子を用いたキイロショウジョウバエの形質転換法を確立し，この動物の実験モデルとしての地位を一段と高めることとなる．

2.1.2　トランスポゾンという飛び道具

P 因子はショウジョウバエをホストとするトランスポゾンで，みずからがコードする酵素，トランスポザーゼの働きによってホストの染色体を切断してそこに入り込み，また離脱して転移する能力をもっている．

1982 年，ルビンら [2-1] はこのトランスポザーゼ遺伝子を含まない P 因子の部分配列にショウジョウバエの眼色を変化させる遺伝子 ry^+ をつないだ"DNA の運び屋"となるベクターを作製し，トランスポザーゼは別のプラスミドから発現させるようにして，この二つを含む溶液をハエの受精卵に微小注入した（図 2・1）[2-2]．注入される受精卵は *ry* 変異体なので，その成虫はバラ色の眼をしているが，ry^+ の乗ったトランスポゾンが染色体にたまたま挿入されれば，その細胞では変異が相補されて眼色表現型は野生型に戻る．

注入を受けた受精卵の子孫成虫の複眼を見ると，少数の赤眼個体がいた．これは，注入したトランスポゾンが生殖細胞をつくる幹細胞の染色体に入り，その分裂で生じた精子または卵子の受精によって生まれた個体である．つまり，全身の細胞にトランスポゾンの入った染色体が含まれているもので，これを形質転換体という．ルビンはこうして，ショウジョウバエの形質転換法を確立した．その後，多くの研究者がさまざまな改良，改造を重ね，多様なニーズに応える P 因子形質転換ベクターが今日使われている．

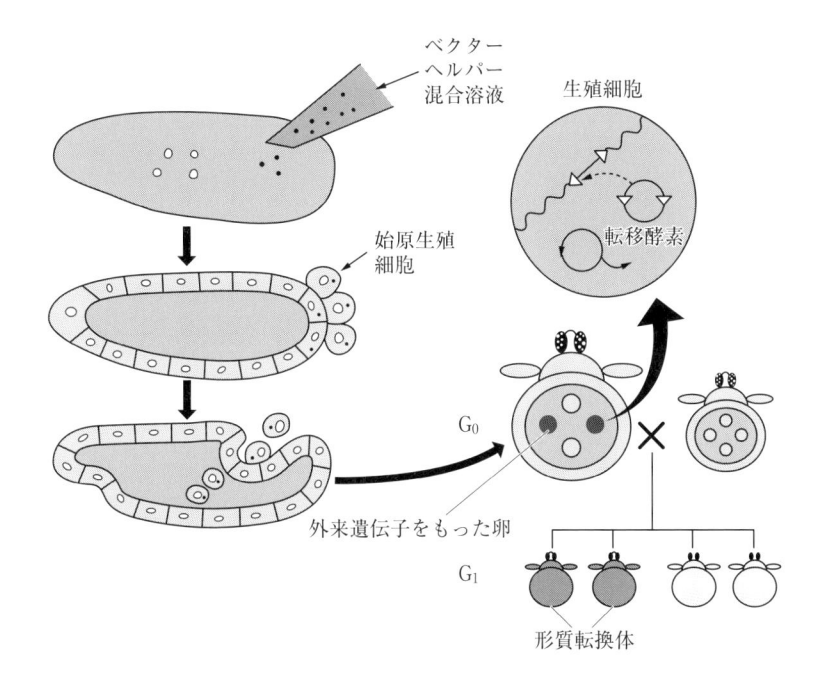

図2·1 微小注入によって受精卵のゲノムに DNA を挿入し，形質転換個体を得る方法
（引用文献 [2-2] を改変）

2.1.3 ショウジョウバエへの遺伝子導入

　形質転換ベクターの開発によって，ショウジョウバエ遺伝学の研究戦略は一変した．まず，変異誘発の手段として，P因子ベクターが頻用されることとなったのである．これまでの化学変異誘発剤を用いる方法やX線照射では，変異点を決定するのが容易ではなく，かつ同時に複数の変異がゲノムに生じるため，ますます表現型に対応する染色体領域を特定するのは困難であった．

　これに対してP因子ベクターは，その挿入点近傍の遺伝子のみに影響を与え，その突然変異を引き起こす．ゲノム中にP因子が一つだけ挿入できれば，その一か所だけが表現型の変化と対応することが期待される．実際，ゲノム中に一か所の挿入のみをもつ系統が容易に作製できる．

2.1.4 ジャンプスタート法

また，トランスポザーゼを供給するだけでみずからは転移能力のないP因子挿入が得られたため，これを酵素源（ジャンプスターター）としてもう一つのP因子ベクター（ミューテイター）の転移を制御することが可能になった．つまり，微小注入をせずとも，ただジャンプスターター系統とミューテイター系統とを掛け合わすだけで，いくらでも新しいP因子挿入系統を作製することが可能となったのである．これが，1988年 [2-3] に公表されたジャンプスタート法である（図2·2）[2-2]．P因子ベクターのDNA配列は既知であるから，その配列を目印に，挿入点，すなわち変異の起きた遺伝子の位置はたちどころに決定できる．

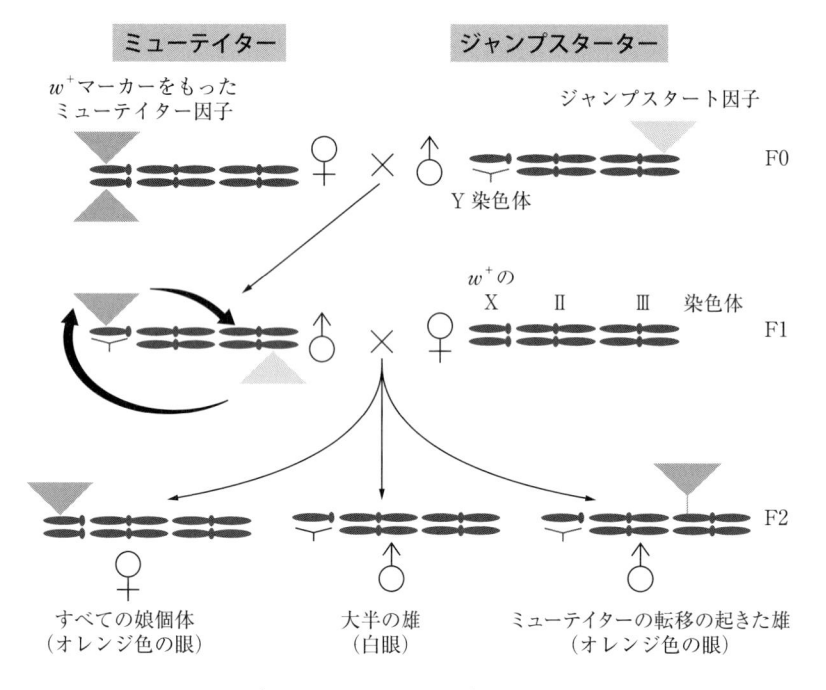

図2·2 交配によってP因子をゲノムの異なる部位に転移させ突然変異を誘発するジャンプスタート法
三つの相同染色体対と2種類のP因子を模式化して示す（引用文献 [2-2] を改変）．

2.1.5 プラスミドレスキュー法

　大腸菌プラスミドの複製開始点と抗生物質耐性遺伝子をP因子に組み込んでショウジョウバエの変異誘発を行うと，挿入点近傍のハエのゲノムDNA断片を容易に得ることができる（図2・3）[2-2]．表現型から突然変異体であると判断されたP因子挿入系統のゲノムを制限酵素処理して大腸菌に形質転換すると（大腸菌に入れると），上記のプラスミド配列とつながったゲノム断片は大腸菌内で増幅されるのに対して，他のすべてのDNA断片は消化されてしまう．

　こうして，P因子挿入点近傍のゲノムDNA，つまり突然変異原因遺伝子の一部を含むと期待されるDNAが，たちどころにクローニングできるのである．これを，プラスミドレスキュー法という．

　一方，P因子ベクターは，遺伝子治療のためにも使用できる．変異体の表現型が，ある遺伝子の機能不全によると推定できた場合，問題の遺伝子の正常型をP因子に組み込んで突然変異体に導入，発現させ，変異表現型が正常に復帰するならば，導入した遺伝子こそ，表現型の変化をもたらす本体であるといえる．

2.1.6 エンハンサートラップ

　P因子ベクターの中に大腸菌の*lacZ*遺伝子を組み込むと，P因子がたまたま入り込んだショウジョウバエのゲノムの位置によって，*lacZ*遺伝子は特徴的な時間空間的パターンで発現する．これは，挿入点の近くにもともと存在するハエの遺伝子の発現を制御する仕組みが，その場所に紛れ込んだ*lacZ*の発現を同じように制御する結果である．

　この発現制御の仕組みを支えているのは，ゲノム中のエンハンサーというDNA配列と，そこに結合して転写をON，OFFするタンパク質，転写制御因子の2種類のファクターである．*lacZ*遺伝子は糖の代謝酵素であり，その人工基質のX-Galを与えると，青い分解産物を生じる．そのため，*lacZ*産物の青い着色がショウジョウバエの体のどこに現れるかを調べることで，挿入

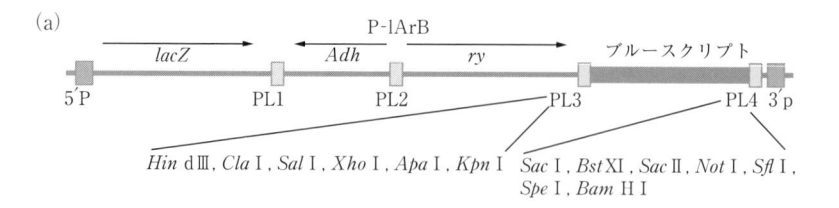

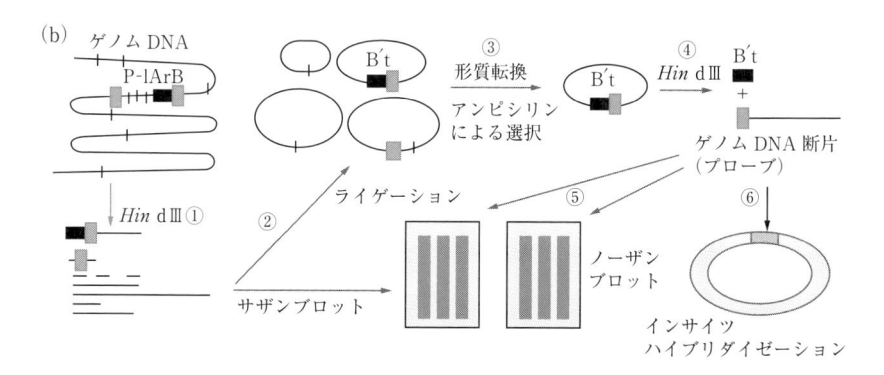

図 2・3 プラスミドレスキューとエンハンサートラップの模式図
(a) P因子ベクター P-lArB の構造．5′P と 3′P は P 因子のジャンプに必要な配列．ブルースクリプトは大腸菌内で増殖するファージの配列．*lacZ*, *Adh*（アルコール脱水素酵素遺伝子），*ry* はマーカー遺伝子．PL1～PL4 はリンカーとよばれ，制限酵素（*Hin*dIII など）によって切断可能なサイトが複数組み入れられている．(b) プラスミドレスキューの一例．P-lArB ベクターの挿入のあるハエのゲノム DNA を *Hin*dIII で切断すると断片は環状になり，そのうちベクター挿入点（変異点）に隣接するゲノム DNA だけがブルースクリプト（B′t）をもつため大腸菌内で増える．B′t には薬剤耐性遺伝子が含まれているので，抗生物質のアンピシリンを培地に加えて B′t をもっているものだけを回収する．そこにハエの変異原因遺伝子の DNA 断片が含まれている場合，ハエから調整した DNA や RNA と対合するはずなので，サザンブロットやノーザンブロットでそれを検出する．ハエの組織に対して対合させる（インサイツハイブリダイゼーション）と，その発現部位がわかる．(c) エンハンサートラップの原理．ハエのゲノムのランダムな位置に P-lArB ベクターは挿入を起こす．たまたま挿入点近傍に遺伝子のエンハンサーが存在していると，ベクター中のレポーター（P-*lacZ*）がその作用を受けて転写される．*lacZ* は β ガラクトシダーゼという酵素をつくるので，発色反応でその所在を可視化して，隣接する遺伝子の組織内発現パターンを見ることが可能になる（引用文献 [2-2] を改変）．

点近傍のエンハンサーの働きを知ることができる．カヒア・オーケイン（Cahir O'Kane）とバルター・ゲーリンク（Walter Gehring）[2-5] によって 1987 年に開発されたこの方法をエンハンサートラップ法とよぶ（図 2・3）[2-2]．つまり，挿入点の近傍にあるハエの遺伝子の発現パターンを，*lacZ* による青い着色の分布によってとらえる方法である．

2.1.7 GAL4-UAS システム

このエンハンサートラップ法を土台として，GAL4-UAS システムという革命的方法が 1993 年，アンドレア・ブランド（Andrea H. Brand）とノーバート・ペリモン（Norbert Perimon）[2-6] とによって開発された（図 2・4）[2-2]．

このシステムでは *lacZ* の代わりに酵母の転写調節因子，GAL4 を発現させる．GAL4 は *lacZ* のように発色をもたらすことはないが，標的の DNA 配

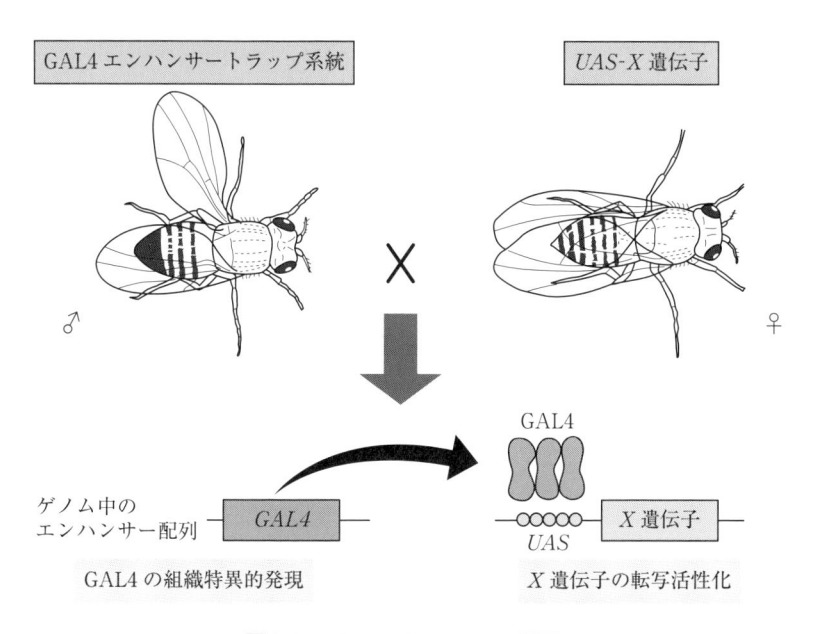

図 2・4　GAL4-UAS システムの原理
（引用文献 [2-6] を改変）

列があればそこに結合して隣接する遺伝子の転写を活性化する．その標的DNA 配列は UAS（Upstream Activation Sequence）とよばれ，もちろん酵母には存在するがショウジョウバエにはない．そのため, GAL4 がエンハンサートラップによって発現しても，何の効果も及ぼさない．

ブランドとペリモンは，ここでもう一つの P 因子ベクターをハエにもたせる構想のもとに実験を進めていた．その第二のベクターには，UAS 配列をもたせ,そのすぐ下流には任意の遺伝子コード領域をつないだ．たとえば，*UAS-lacZ* のような融合遺伝子である．*UAS-lacZ* をゲノムに挿入されたハエの体を X-Gal の溶液に入れて反応させたとしても，青い着色は見られないだろう．というのは，UAS 配列に結合してその転写を活性化する因子がそこには存在しないからである．しかし，GAL4 入り P 因子をもつハエと *UAS-lacZ* 入り P 因子をもつハエとを交配して得られる子供たちでは，この両者が発現し，GAL4 の存在する細胞でのみ *lacZ* 産物がつくられて青い着色が生じるはずである．

このもくろみは見事に成功した．*UAS-lacZ* を発現させるだけならば，旧式のエンハンサートラップより優れたところはないのだが，UAS の後ろにはどんな配列をつけてもいいのであるから，その利用価値は絶大である．たとえば，上記の遺伝子治療の実験に供するなら，問題の遺伝子の正常型をUAS につないで導入すればよい．決まった細胞に各種の遺伝子を発現させて効果を見ることも楽にできる．細胞の核だけを見たい，突起だけを見たい，蛍光タンパク質で標識したい，どんな要望にもこのシステムは応えることができるのである．

2.2 行動分子遺伝学のモデルケースとなった *period* 遺伝子研究

2.2.1 *period* 遺伝子クローニング競争開幕

ショウジョウバエ分子遺伝学の爆発的発展の波は，1980 年代初頭，行動遺伝学を一気に分子レベルへと連れていくことになる．大波の先端に立った

一人は，Notch 遺伝子を研究していたヤングであった．Notch 座は X 染色体の細胞学的位置 3C7 にある．この数字とアルファベットはいわば染色体の「番地」にあたるもので，全ゲノムを 102 の区画に分け，X 染色体の先端が 1，染色体中心付着端が 20 と定める．3C7 の 3 とは，このうちの区画 3 を意味する．各区画は A ～ F にさらに分けられていて，3C7 の C はこの C である．そして最後の 7 は C 区画中の 7 本目のバンド，すなわちクロマチンが凝縮して黒くなった縞の 7 本目のことである．Notch 座付近 120kb のクローニングを終えていたヤングはさらに X 染色体の先端に向かってクローニングを続け（染色体ウォーキング），ある欠失染色体を利用して一気に period 座に達した．この欠失は 3B2-3C6 の染色体区間を失ったもので，しかもその失われた区間には period 座の一部が含まれていることが，遺伝学的に知られていた．Notch 座の中央から 65kb ウォークしたとき，この欠失の切断点に遭遇したのである．ここは 3B2 地点であるが，その先は途中を飛ばして 3C6 というわけである．そこはもう period 座なのであった．

この領域から転写される 4.5kb の mRNA に着目したヤンググループは，これに対応するゲノム DNA を P 因子ベクターに挿入し，per^0 突然変異体に導入した．すると移動運動のサーカディアンリズムが回復し，このゲノム DNA に period 遺伝子が含まれていることが決定的となったのである．

2.2.2 cDNA クローニング

ヤング研究室のロブ・ジャクソン（Rob Jackson）が中心となって，この mRNA に対応する cDNA のクローニングが進められた．cDNA とは，生体から抽出した mRNA を鋳型にして逆転写酵素を働かせ，相補的配列をもつ DNA としたものである．ある特定の組織に含まれるすべての mRNA に対してまるごとこの操作を行い，得られた一群の cDNA をファージにパッケージングしたものを cDNA ライブラリーという．

ある遺伝子の一部をなすゲノム DNA が手元にあれば，そのゲノム DNA 断片と対合する（相補的な塩基配列をもつ）cDNA を取り出すことによっ

て，目的とする mRNA に対応する cDNA を分離することができる．ほしい cDNA が魚なら，それをつり上げるために使うゲノム DNA 断片は釣り針にあたる．釣り針のことをプローブという．これがライブラリーのスクリーニングによる cDNA クローニングの概略である．ゲノム DNA を見ただけでは DNA 配列のどの部分が遺伝子を構成しているのか，必ずしも明確ではないが，cDNA は遺伝子の機能する部分だけからなる mRNA のコピーであるため，その構造を知ることで遺伝子の本体を確実に特定できる．

　period 座の mRNA と対合するゲノム DNA をプローブとして上記のスクリーニングを行い，ジャクソンたちはついに *period* の cDNA クローンを釣り上げたのである．後は，その塩基配列を機械的に決定する作業をただ黙々とこなすことになる．こうして得られた塩基配列をコドン表に則ってアミノ酸配列に読み替えると，*period* 遺伝子によってコードされるタンパク質の一次構造がわかるという仕掛けだ．Period タンパク質の一次構造がこうして明らかにされ，その成果はヤングらによって Nature の article として発表された [2-7]．1984 年のことである．

2.2.3　ラブソングにもリズムがある

　period 遺伝子のクローニングを行っていたのはヤングたちだけではなかった．1978 年の 2 月，ショウジョウバエのラブソングの研究で Ph.D. の学位をとったばかりのバンボス・キリアコウ（Charalambos P. Kyriacou）はイギリスから米国にわたり，ベンザー研出身でブランダイス大学に職を得たジェフ・ホール（Jeffrey C. Hall）のポストドクとなった．キリアコウは自分で獲得した NATO の研究費でやりくりしていたので，ポストドクとはいってもテーマはある程度自分の裁量に任されていて，当初は体色が黒変する *ebony* 変異体の研究をしていた．

　ホールからは，ラブソングの記録システムを組み立てることを求められただけだった．もっともキリアコウは，半年ほど経ってホールが遠慮がちに催促するまで，ラブソングの記録システム作りに手をつけなかったようだ．

1979年春のある夜，テレビを見るとひいきのレッドソックスがヤンキースに打ちのめされている．ちぇっとばかりにテレビを消したキリアコウは，気分を切り替えてキイロショウジョウバエのラブソングの解析を始めた．ラブソングが単調な一定間隔の音パルスからなるのではなく，1分弱の周期でパルス間隔が延びたり縮んだりしていることをキリアコウが発見したのはこのときだった [2-8]．

2.2.4 *period* 遺伝子が制御する 24 時間周期と 1 分周期のリズム

コノプカが見つけたサーカディアンリズム変異体，*period* で，ラブソングのこのリズムを測ってみようというアイデアが，キリアコウをエキサイトさせた．キリアコウがラブソングの記録を見せてリズムの発見を示すと，ホールは開口一番，*period* 変異体を手に入れなくっちゃ，と言ったそうである．24 時間周期のサーカディアンリズムに異常を引き起こす *period* 変異が，1 分たらずのラブソングのリズムにも影響を及ぼす可能性を，二人とも想定したのだ．この直感は正しく，*period* 突然変異はラブソングのリズムをも狂わせるのだが，これについては改めて述べることとする．ホールたちが *period* 遺伝子の研究に手を染めるきっかけは，サーカディアンリズムへの興味よりもむしろ求愛行動とのからみにあったことがわかる．

ホールたちはさっそく，同大で酵母を用いて分子遺伝学的研究を精力的に進めていたマイケル・ロスバッシュ（Michael Rosbash）の協力を得て *period* の遺伝子クローニングを試みた．彼らは唾腺染色体から *period* 座の存在する X 染色体 3B1-2C2 の領域をメスで切り出し，それを原料としてつくったゲノム DNA ライブラリーをスクリーニングして *period* のクローンを得るという手法をとった．こうしてホールたちによっても同一の Period タンパク質のアミノ酸配列が独立に決定され，ヤングらよりもわずかに遅れたものの，同じ 1984 年に科学雑誌 Cell に発表された [2-9]．

2.2.5 Period タンパク質の機能を巡るバトル

こうしてサーカディアンリズムの心棒となるタンパク質の構造が初めて明らかにされたのだが，だからといって体内時計の仕組みを理解するヒントがすぐに得られたわけではなかった．というのは，Period タンパク質の一次構造に，その生化学的機能を推論させてくれるような部分が何も見つからなかったからである．生化学的機能を果たすためには，その機能に則した構造をとる必要がある．そのため，似た部分構造をもつタンパク質同士は，その機能にも共通するところがあると推定できるのである．タンパク質分子のうちで，特定の機能を果たす（と推定される）構造的に類似した部分を，ドメインとよぶ．

1984 年当時，Period タンパク質のアミノ酸配列とわずかに類似点が見つかったのはラットのコンドロイチン硫酸プロテオグリカンとヘパランプロテオグリカンであった．Period タンパク質の 592 番目のアミノ酸から 670 番目付近にかけてスレオニン（T）とグリシン（G）が何十回も反復された "TG リピート" が存在していて，これと同様の反復配列が上記の二つのタンパク質に知られていたのだ．プロテオグリカンは大きな糖鎖のついたタンパク質で，細胞膜の表面に飛び出して細胞間認識や接着に働くことが知られている．そのため，Period タンパク質が細胞表面で細胞間相互作用を取り持つのではないか，という想像を生んだ．

ヤングのグループは実際，自前の抗 Period 抗体を用いてこのタンパク質の局在を調べて，唾腺細胞の細胞表面が標識された写真を示し，さらに *period* 突然変異体の唾腺では細胞間の電気的結合が異常になっているというデータも出して，このタンパク質が時間情報の細胞間同調因子である，という説を Nature の article で発表した [2-10]．

2.2.6 Period タンパク質の量的変動にリズムがあった

ところが，ホールたちが独立に自前の抗 Period 抗体を作製して組織局在を調べたところ，ヤングたちとはまったく違った結果となった．網膜の横断

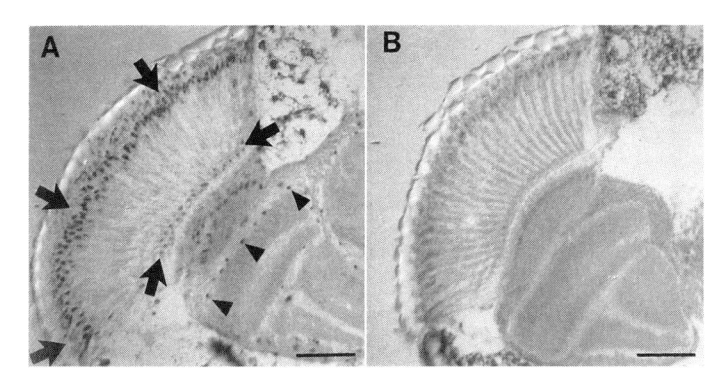

2.2 行動分子遺伝学のモデルケースとなった *period* 遺伝子研究　　　43

図 2・5　Period タンパク質の細胞内局在に対する時刻（A: 暗期, B: 明期）の影響
　　矢印は光受容細胞, 矢尻は外側ニューロン（リズム発振源）（引用文献 [2-11] を改変）.

切片を抗 Period 抗体で染色してみると，神経細胞の核が標識されるのである．しかし，いつも核が染まるわけではない．神経細胞全体がぼんやりと黒ずむだけのときもある．実はこの違いは，どの時刻でショウジョウバエを殺したかに依存していた．明暗サイクルの明期の終わり頃に殺したときにはぼんやりと曖昧な染まり方になり，暗期の終わり頃に殺すと，核が鮮明に染まるのである（図 2・5）[2-3]．この結果から，Period タンパク質が神経細胞の核と細胞質とを行き来しているという考えが生まれ，その核移行がサーカディアンリズムの発振にとって本質的な意味があるのではないかとホールらは推論したのである [2-11]．

　Period タンパク質の局在，その働きについて，こうして両グループの間でまったく違った見方がなされることになった．そして，ことの正否はやがて明らかとなった．ヤングらの報告した Period タンパク質の細胞表面への局在と *period* 変異による細胞間連絡の異常は，その後の実験で再現されず，数年後にはその論文は撤回（retract）されるに至ったのである．

2.2.7　転写を巡る負のフィードバックループからリズムの発振へ

　ホールとロスバッシュのグループ [2-12] は，Period タンパク質の明暗サ

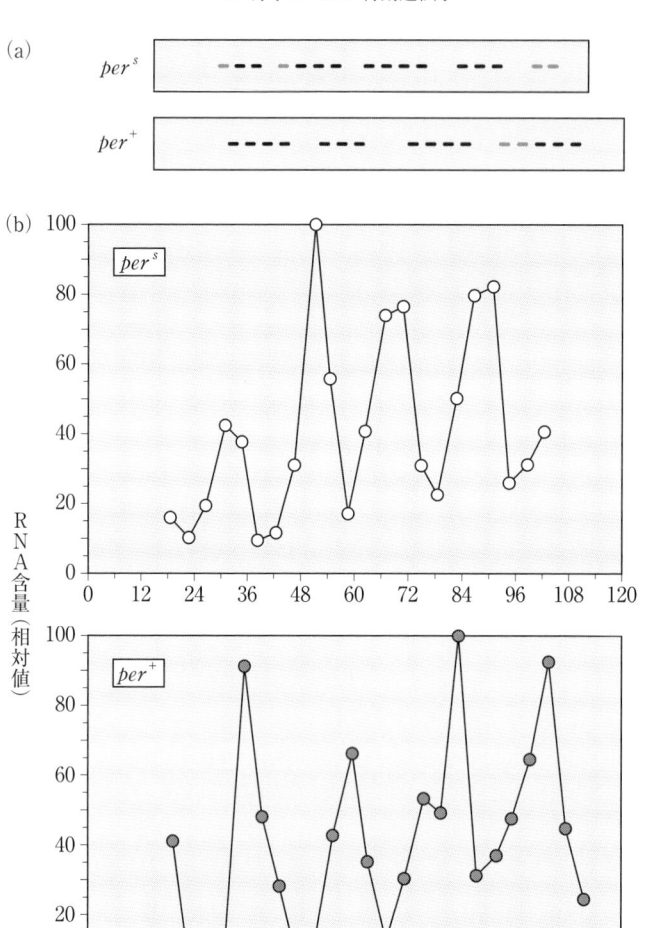

図 2·6　*period* 遺伝子の転写に見られるサーカディアンリズム
　最下段に示す明暗サイクルで維持した野生型（*per+*）と *pers* のハエから異なる時刻に *period* mRNA を抽出して定量した．(a) RNAse protection assay という方法で検出された *per* mRNA のバンド．(b) は (a) の結果をグラフ化したもの（引用文献 [2-12] を改変）．

イクルに伴う周期的変動の原因を探る実験を続け，*period* 遺伝子の mRNA 自体が，Period タンパク質の変動に先んじて，約 24 時間周期で増減をくり返していることを見いだした（図 2・6）[2-12]．こうした研究が進められていたさなかの 1991 年頃，ようやく Period タンパク質と一部類似の配列をもつタンパク質が三つ，報告された．Arnt（aryl hydrocarbon nuclear translocator），Ahr（aryl hydrocarbon receptor），Single minded（Sim）である．約 270 個のアミノ酸からなる部分でこの三者に高い類似性があり，Period，Arnt/Ahr，Sim の頭文字をとって PAS ドメインと命名された．

　これら Arnt，Ahr，Sim の三つのタンパク質は，いずれも転写調節因子であり，PAS ドメインの N 末端側に Period にはないドメインをもつ．このドメインは basic Helix Loop Helix（bHLH）とよばれ，上記三つのタンパク質が DNA に結合するのに必要である．PAS ドメインを介して Period タンパク質が転写調節因子に結合すると，これらのタンパク質は DNA に結合でき

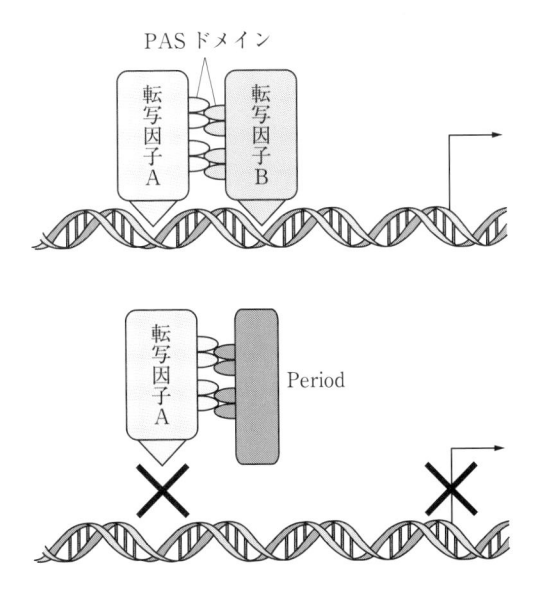

図 2・7　Period タンパク質による負の転写制御の機構
（引用文献 [2-13] を改変）

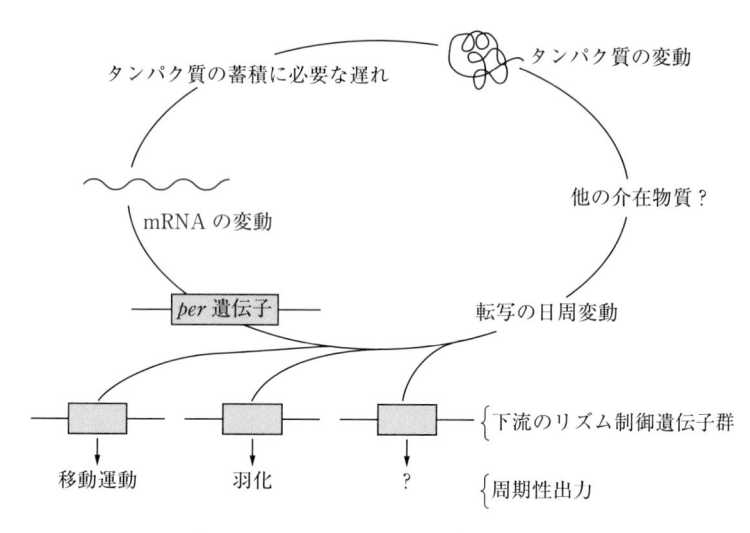

図 2・8 Period による行動リズムの産生モデル
（引用文献 [2-2] を改変）

なくなるのではないか，との仮説をロスバッシュたちは 1993 年に発表した（図 2・7）[2-13].

　振動現象を生み出す最も単純な仕組みは，自分のつくった産物によって生産装置が阻害を受け，その結果，産物が減って再び生産が開始される，というサイクルのくり返しである（図 2・8）[2-2]．この負のフィードバックが *period* 遺伝子の転写に働いているとしたらどうだろうか．Period タンパク質が転写調節因子と結合し，みずからを生み出す遺伝子の転写を阻害するのだとしたら．

2.3　*period* 遺伝子の進化的保存と多様性

2.3.1　マウスの逆襲

　Period タンパク質が *period* 遺伝子の転写を抑制する因子であるとしたら，転写を正に制御する因子，つまり Period タンパク質の結合によって転写機

能の阻害を受ける因子が必ず存在しなければならない．その正の調節因子は，*period* 研究を牽引してきたショウジョウバエではなく，マウスで発見された．

哺乳類のサーカディアンリズムの生理学的研究で著名な米国ノースウエスタン大学のジョー・タカハシ（Joseph Takahashi）は，おそらくショウジョウバエの *period* 研究の勢いにあおられたのであろう，それまで踏み込んだことのなかった遺伝学の領域に飛び込み，キイロショウジョウバエで用いられたのとまったく同じ手法でマウスのサーカディアンリズム突然変異体をとる試みを開始した．エチルニトロソウレア（ENU）とよばれるアルキル化剤を処理して，点突然変異を誘発するアプローチであったが，世代時間が短く大量にスクリーニングが可能なショウジョウバエでこそ定石となっているものの，この手法をマウスに適用するのは常識では考えられないリスキーなことである．

ところがタカハシは，いとも簡単にマウスの時計変異体を分離する．なんと，調べ始めてわずか 24 番目の個体が，著しく周期が長くなった突然変異体だったのである．その変異体（および対応する遺伝子）は *Clock* と命名された．1994 年のことである．化学変異誘発剤で突然変異を起こした場合，変異点の目印がないため，ショウジョウバエであったとしてもその原因遺伝子を突き止めるのは容易ではない．しかし，タカハシは変異体分離を報告してからわずか 3 年後の 1997 年には，*Clock* 遺伝子のクローニングと正常型遺伝子の導入・発現による変異体表現型の救済を発表する [2-14]．驚異的な速さである．

2.3.2　哺乳類の行動のサーカディアンリズムは視床下部視交叉上核に発する

しかもその *Clock* 遺伝子が，PAS ドメイン付き転写因子をコードしていたというのだから，これほどのサプライズはそうはなかろう．その後の研究から，Clock タンパク質はやはり PAS ドメインを有する転写因子である Bmal1（Arntl）と複合体を形成して，*period* や他の標的遺伝子群の転写を正に制御

することがわかっている．そして *Clock* と *Bmal1* に対応する遺伝子はショウジョウバエにも存在し，それぞれの変異体がサーカディアンリズム異常を示すことも明らかになった．

それに先立つ1997年，東京大学医科学研究所（現・金沢大学）の程 肇らによってショウジョウバエの *period* とそっくりの遺伝子がラットやヒトからクローニングされ，さらに哺乳類の体内時計の座，視床下部視交叉上核においてその mRNA 量が約24時間周期の自由継続リズムを示して変動することが示された [2-15]．ヒトを含めた哺乳類のサーカディアンリズムを発生させる分子的仕組みが，ハエのそれと共通なのではないか，そう考えられるようになっていったのである（図2・9）[2-16]．こうして，サーカディアンリズムをつくりだすメカニズムの解明はキイロショウジョウバエの *period* 突然変異体の分離に始まり，哺乳類にまで外挿可能な概念の誕生を導いたのである．

このように *period* 研究は，ショウジョウバエを用いた研究が一般的原理の導出にきわめて有用であることを示したのであるが，その一方で生物の多様性，とくに行動の多様性を支える遺伝子基盤の理解にも，大いに貢献している．それは，先に述べたラブソングに対する *period* の寄与を解析した研究によるところが大きい．

2.3.3 種の認知に働くラブソングのリズム

キイロショウジョウバエの雄は雌に対して片方の翅を打ち振るわせてラブソングを発する．ラブソングを聞かされているうちに雌は次第に動きを止めるようになり，雄の交尾を受入れる傾向（性的受容性）を高める．オシロスコープを使ってラブソングの波形を観察すると，2種類の歌があることがわかる．一つは，音パルスが平均35ミリ秒間隔で数発から数十発続いて生じるパルスソングである．もう一つは周波数約160Hzの正弦波状の音で，サインソングという（図2・10）[2-2]．雄は片翅の振動によって，この二つの歌をたいてい交互に発生させる．フォン シルヒャーは早くも1970年代に，サインソングが聴覚を介して雌の性的受容性を高めることを報告し，さらにパ

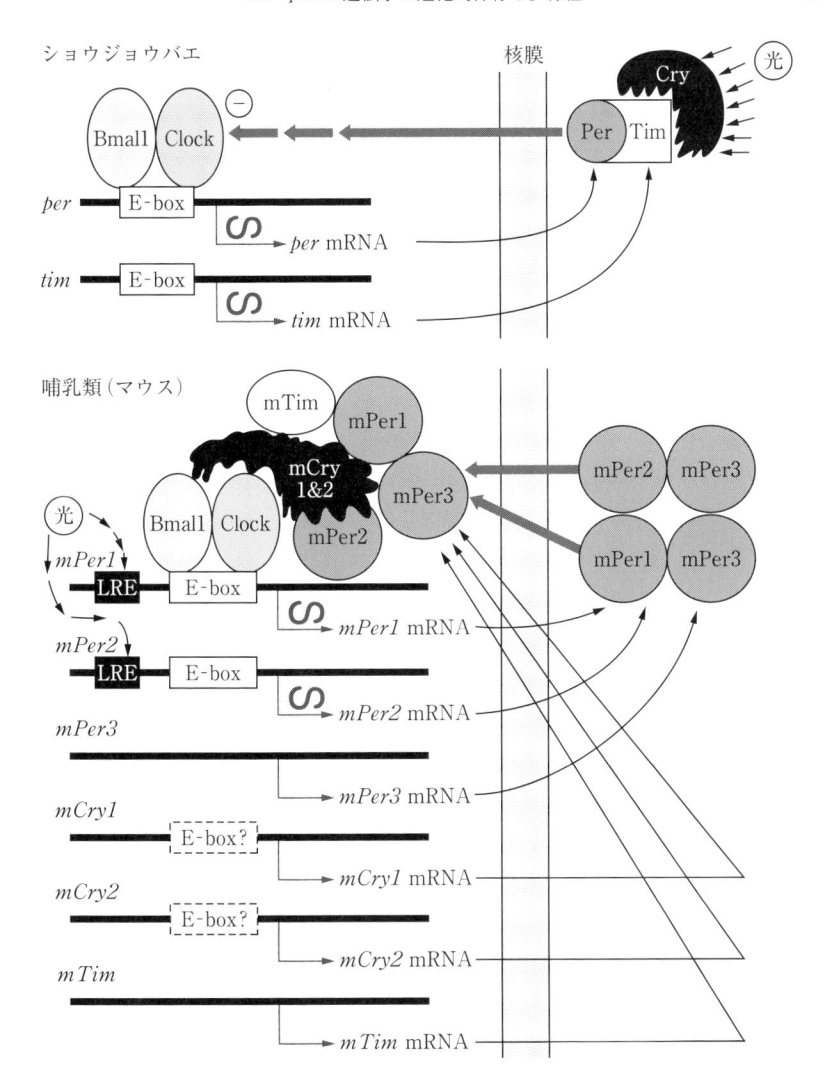

図2・9 ショウジョウバエとマウスでのperiodによるリズム産生機構の比較
ショウジョウバエではTimeless（Tim）タンパク質が結合するとPeriodタンパク質は核内移行して転写抑制機能を発揮する．光感受性タンパク質Cryptochrome（Cry）がTimの光分解を制御する．Bmal1とClockの複合体はE-boxとよばれる制御配列に結合してリズム産生に関わる遺伝子の転写を正に制御する．Periodはそれを抑制．マウスでも相同なタンパク質群が関与するが，それぞれの機能は一部異なっている（引用文献 [2-16] を改変）．

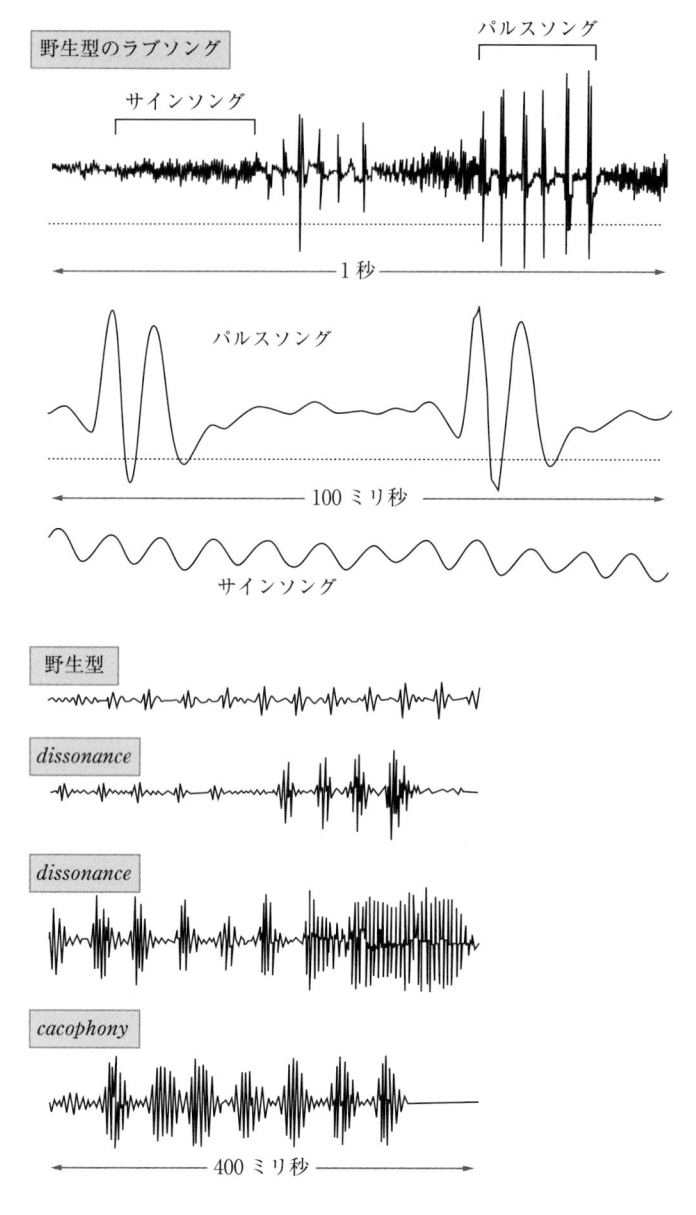

図 2・10 キイロショウジョウバエのラブソング
　dissonance のラブソングは時とともに異常が亢進する（引用文献 [2-2] を改変）.

ルスソングが異常になる突然変異体，*cacophony* を分離している [2-17].

キリアコウとホール [2-18] は，キイロショウジョウバエの雌にあらかじめ人工のラブソングを聞かせておくと，その直後，雄を容器に入れた際に交尾の受入が促進されることを見いだした．この効果はサインソングではっきりと検出できる．しかし，パルスが 35 ミリ秒間隔（Inter-pulse interval, IPI が 35 ミリ秒）でくり返されるパルスソングを聞かせても，交尾は促進されなかった．そこで彼らは，本物のキイロショウジョウバエのパルスソングをまねて，IPI を 55 秒周期で延ばしたり縮めたりしてみた．するとこの抑揚付パルスソングを聞かせたときには，雌の性的受容性がはっきりと高まるのだった（図 2・11）[2-19].

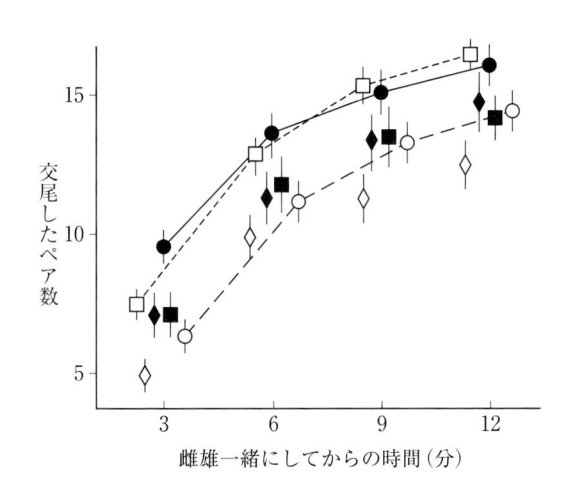

図 2・11　ラブソングの交尾受入れ促進作用
　人工のラブソングをあらかじめ雌に聞かせ（または聞かせず），その後雌雄を同じ容器に入れて交尾したペアの数を経時的にカウント．横軸は，雌雄を一緒にしてから経過した時間，縦軸は累積の交尾したペア数．○：音を聞かせていない区，◇：ホワイトノイズを聞かせた区，■：IPI が 35 ミリ秒で一定のラブソングを聞かせた区，◆：35 秒周期で IPI が変動するラブソングを聞かせた区，●：55 秒周期で変動する IPI のラブソングを聞かせた区，□：サインソングを聞かせた区（引用文献 [2-18] を改変）．

そこで彼らは，近縁種オナジショウジョウバエのパルスソングを模して，IPI が 35 秒周期で変動するパルスソングを雌に聞かせてみたところ，雌の交尾受容性はまったく上昇しなかった．つまり，キイロショウジョウバエの雌は，IPI の変動周期の違いを聞き分け，同種の雄の特徴をもつ歌にさらされると，交尾を受入れやすくなるということである．近縁種間での生殖隔離に，歌の節回しの違いが一役買っていることになる．

2.3.4 行動の種差をアミノ酸残基の違いに求める

IPI が周期的に変動することを発見したとき，キリアコウもホールも，ともにサーカディアンリズム異常の *period* 変異体に意識が向いたことはすでに述べた．そして実験結果は，彼らの期待を裏切らなかった．サーカディアンリズムを失う per^0 突然変異体では IPI に規則的な周期変動を認めず，サーカディアンリズムが短くなる per^s の IPI は野生型より速い 43 秒で変動し，サーカディアンリズムの長い per^l の IPI 変動周期は 96 秒という長さだった（図 2・12 左）[2-3]．

この発見をきっかけに，ホールたち [2-20] は *period* 遺伝子のクローニングを開始したわけである．*period* 遺伝子の同定は，クローニングした DNA がハエの行動リズムを変化させるか否かという基準に照らして初めて可能となる．具体的には，リズムのなくなった per^0 突然変異体にクローニングした DNA を導入して発現させ，その形質転換体にリズムの回復が見られるかどうかを調べるのである．

ホールたちは一連の実験の中で，スレオニンとグリシンが何十回もくり返されている TG リピートとその隣接部分をごっそりと切り落とし，その前後の部分だけからなる 13.2 kb の長さの DNA 断片を使って per^0 個体の形質転換を行った．すると，その個体の移動運動には，ほぼ 24 時間周期の自由継続リズムが検出され，サーカディアンリズムが完全に回復していることがわかった．ラブソングにも周期性が戻ってきた．しかしその周期は野生型キイロショウジョウバエのそれとはほど遠く，約 35 秒で変動していたのである．

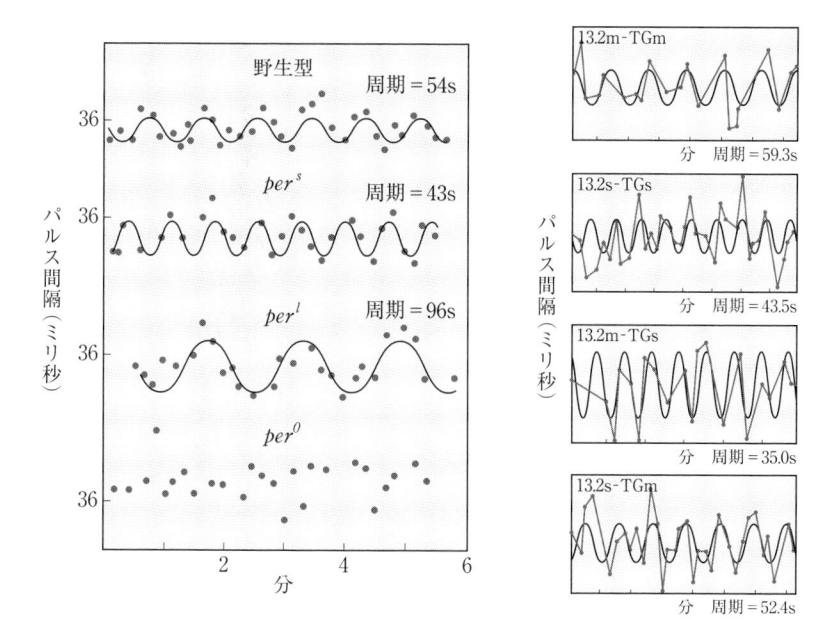

2.3 *period* 遺伝子の進化的保存と多様性　　53

図 2·12　パルスソングの IPI 周期に対する *period* 変異の影響（左）と
種間キメラの *period* 遺伝子による変化
（引用文献 [2-2] を改変）

サーカディアンリズムの形成には TG リピートは不要ということになる．実際，哺乳類の *period* 遺伝子はこの部分を欠いているので，つじつまは合っている．

一方，TG リピートを含む 700bp の領域の有無が，パルスソングのリズムに大きな影響をもつという発見は，IPI の変動周期に見られる種特異性の秘密が *period* 遺伝子のこの部分に隠されているのではないかという期待を抱かせるに十分であった．

2.3.5　遺伝子の種間キメラをつくる

そこで，キイロショウジョウバエの 13.2kb にオナジショウジョウバエの 700bp をはめ込んだキメラ遺伝子 "13.2m-TGs"（m はキイロショウジョ

ウバエの種名 *melanogaster* の頭文字，s はオナジショウジョウバエの種名 *simulans* の頭文字 s）や，逆にオナジショウジョウバエの 13.2kb にキイロショウジョウバエの 700bp をはめ込んだキメラ遺伝子 "13.2s-TGm" をつくり，それぞれをもつ形質転換 per^0 個体でパルスソングの IPI 変動周期がどのような値を示すのか，計測が行われた（図 2・12 右）[2-21].

すると，700bp 部分がキイロショウジョウバエ由来であれば，その 20 倍近い長さにわたる *period* 遺伝子の残りの部分がオナジショウジョウバエのものであったとしても，パルスソングの IPI 周期はキイロショウジョウバエの特徴を示して約 50 秒となるのであった．逆に，700bp 部分がオナジショウジョウバエ由来，13.2kb がキイロショウジョウバエというキメラ遺伝子を発現する per^0 形質転換個体は，オナジショウジョウバエに特徴的な約 35 秒周期の IPI 変動を示した．こうして，1 分弱で変動するパルスソングの種特異的リズムが，サーカディアンリズム発振の主役，*period* 遺伝子によって支配されるという，注目すべき発見がもたらされたのである．

2.3.6 行動の種間移植

実際，オナジショウジョウバエとキイロショウジョウバエとで 700bp 領域にコードされるアミノ酸配列を比較すると，数か所で違いが見られる．しかし，その多くは同一種内の系統間でもアミノ酸置換が見られる部位であり，同種内の変異がない一方で二種間に差が認められたのは，700bp 領域中で TG リピートよりも C 末端側に位置する四か所だけだった（図 2・13）[2-21]. したがって，この四つのアミノ酸のすべて，または一部が，パルスソングの種特異性を規定し，それを介して種間の生殖隔離に寄与すると考えられる．

種ごとに異なる行動の多様性の基盤を，一個の遺伝子のわずか数個のアミノ酸残基の違いにまで還元して理解する道を示した画期的研究である．このアミノ酸置換を生む遺伝子の変異（多型）に対してどのような淘汰が加わってついにそれが固定されるに至ったのか，その解明が行動進化を理解するための鍵であろう．

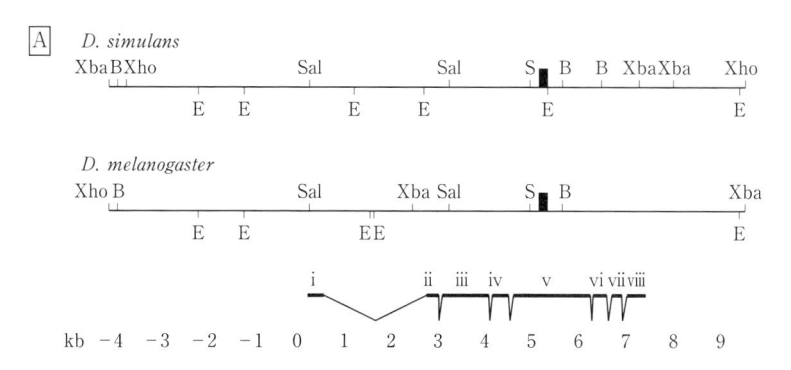

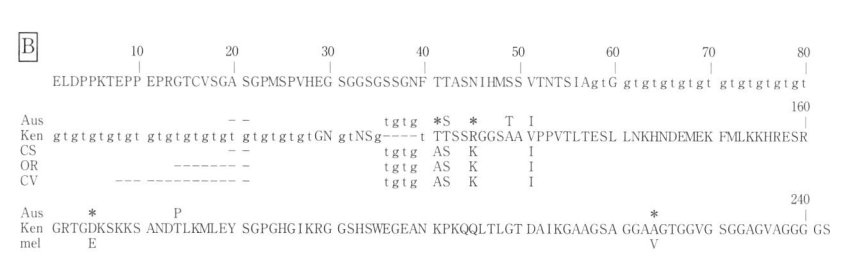

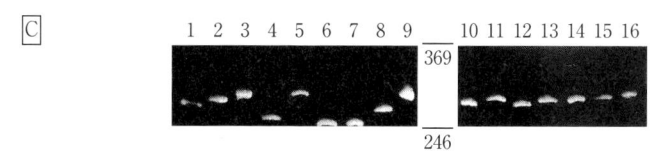

2.3 *period* 遺伝子の進化的保存と多様性

A D. simulans
Xba B Xho   Sal   Sal   S B B Xba Xba   Xho
        E E   E   E   E   E

   D. melanogaster
   Xho B   Sal   Xba Sal   S B   Xba
        E E   E E   E

                              i   ii iii iv   v   vi vii viii
   kb -4 -3 -2 -1 0 1 2 3 4 5 6 7 8 9

B
           10   20   30   40   50   60   70   80
       ELDPPKTEPP EPRGTCVSGA SGPMSPVHEG SGGSGSSGNF TTASNIHMSS VTNTSIAgtG gtgtgtgtgt gtgtgtgtgt
                                                                                               160
  Aus   --   tgtg *S *   T I
  Ken gtgtgtgtgt gtgtgtgtgt gtgtgtgtGN gtNSg---t TTSSRGGSAA VPPVTLTESL LNKHNDEMEK FMLKKHRESR
  CS   --   -------   tgtg AS K   I
  OR   -------   tgtg AS   I
  CV   --- ---------- -   tgtg AS K   I
                                                                                               240
  Aus   *   P   *
  Ken GRTGDKSKKS ANDTLKMLEY SGPGHGIKRG GSHSWEGEAN KPKQQLTLGT DAIKGAAGSA GGAAGTGGVG SGGAGVAGGG GS
  mel   E   V

C
      1 2 3 4 5 6 7 8 9   10 11 12 13 14 15 16
                        369
                        246

図 2・13 *period* 遺伝子とその産物の種間比較
A：上二段はオナジショウジョウバエ（*D. simulans*）とキイロショウジョウバエ（*D. melanogaster*）とで *period* 遺伝子領域のゲノムの制限酵素地図を比較したもの．略号は酵素の名前で，それぞれの酵素が切断するサイト（制限サイト）が表示されている．黒いブロックはTGリピートの存在する領域．三段目は *period* 遺伝子のエクソン（太いバーで示す8エクソン）-イントロン（細いバー）の構成を示す．その下にDNAの長さ（距離）をキロベース（kb）で表示．B：TGリピート（tとg）とその周辺部のアミノ酸配列を示す．アルファベットはそれぞれ異なるアミノ酸の略号．横棒は比較した配列同士の一致部分を揃えるためにスペースを入れた部分（実際の配列は横棒を取り除いて前後をつないだもの）を示す．見やすくするため，10残基ごとに区切って示す．表示した最初の80残基部分（一段目）には種差や系統差が見いだされなかったので配列は一通りしか示されていない．二段目は種差，系統差があるため，二種5系統について並記．Aus, Ken はオナジショウジョウバエの2系統，CS, OR, CV はキイロショウジョウバエの3系統．Ken系統の配列を基本として示し，不一致が存在したところにだけ各系統に特有のアミノ酸を記入してある．結局，二種間で異なり，同種間では完全に同一であったアミノ酸残基は＊を付した4個であった（引用文献 [2-21] を改変）．

3章

行動の源を脳に探る

　行動をつくりだす器官が脳神経系であることは容易に推察できるが，そのどの部位が個々の行動を担当しているのかを突き止めるとなると，とたんに解決が難しくなる．極端な場合，特定の行動を生み出すにあたり，脳は分業をせずに，「全体」で働いているということもあるかもしれない．この問に答える方策として"遺伝的モザイク"の利用を着想したのは，遺伝地図を編み出したのと同じスターテヴァントだった．彼は，雌の細胞（性染色体構成がXX）と雄の細胞（性染色体構成がXO）が混ざりあって一つの個体を形成している性モザイク個体を用い，雄型の性行動をとるには体のどの部分が雄であればよいかというアプローチが有効であることを示した．この行動のモザイク解析はその後新たな技術の登場に伴って精度を増してゆき，1970年代後半にはホールらの活躍によって，脳の背外側部にあるキノコ体隣接部位の少なくとも片側が雄の組織であれば，その性モザイク個体が雄型の性行動を示すことが明らかとなったのである．

3.1 モザイク解析の原理

3.1.1 行動のモザイク解析

　1970年頃，行動を変化させる変異体の分離と解析の一方で，ベンザー研ではギナンドロモルフを用いた性行動の研究が堀田によって進められていた [3-1]．ギナンドロモルフは雌の細胞と雄の細胞からできていて，その境界

がどこに生じるかは，ある程度偶然によるので，個体ごとに違ったパターンとなる．そこで，体のどの部分が雌であれば雌の行動を示し，どこが雄であれば雄の行動を示すのか，といった解析が可能になる．実際，早くも1915年にスターテヴァントがこの種の観察を行ったことは既述の通りである．

　キイロショウジョウバエの求愛は高度に儀式化された行動からなっている．雄は雌を見つけると歩いてその後をつけ始める．雌に接近して前脚でその腹部をたたき（タッピング），雌の側面から片方の翅を震わせて羽音を出す（ラブソング）．雄は数秒のうちに雌の反対側に移動して，先ほどとは逆側の翅で羽音を出す．この動作をくり返すうちに，それまで動き回っていた雌が次第に脚を止めるようになる．すると雄は雌の後に回り込み，雌の交尾器を口吻を伸ばして舐める（リッキング）．雄は腹部を曲げながら雌の背に乗ろうとし（交尾試行），雌は受入れる"意志"があるときには翅を立て膣口を開いて雄のマウントと交尾を可能にする（交尾）．交尾は20分弱続き，終了直前に雌が背中の雄を後ろ足で蹴ると，雄が交尾器の接続を解き，背中から降りて交尾が終了する（図3・1）[2-19]．

　一方雌は，上記のように雄を受入れる"意志"がないとそそくさと雄の近くから走り去る（decamping）．雌の受入れ"意志"は，"性的受容性"のレベルとして表現される．性的受容性の低い雌は，雄の求愛を受けるとさまざまな動作で拒否する．

3.1.2　スターテヴァントの胞胚運命予定図

　スターテヴァントは1929年，ギナンドロモルフを利用して胚のどの辺りから成虫の体の各部が形成されてくるのかを推定する方法を提唱した．ギナンドロモルフの雌の部分と雄の部分とは，もともと胚の第一核分裂の際にX_Rを失った娘核に由来するか，X_Rを保持した娘核に由来するかによっている（図3・2）[3-1]．胚期に近くにあった細胞（核）たちは元を正せば同一の細胞（核）が分裂してできた子孫細胞同士である確率が高いであろう．逆に，胚期に離れた場所に位置していた細胞は，胚発生のかなり早い時期にさかの

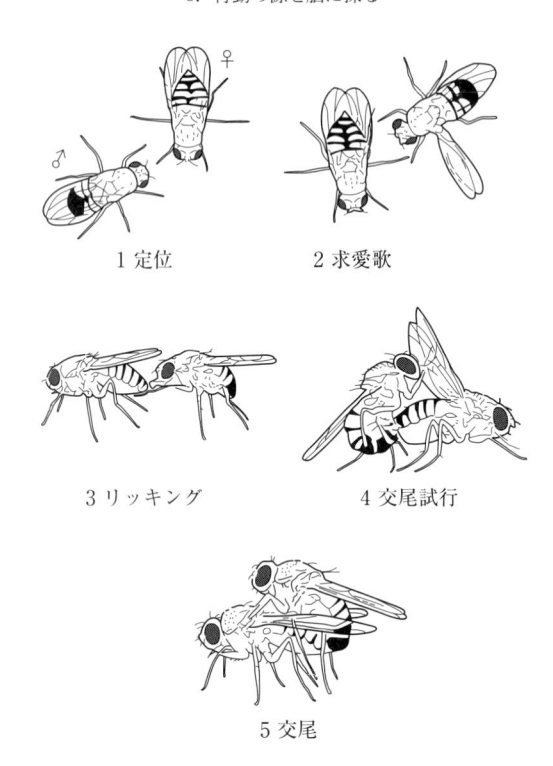

図3·1 キイロショウジョウバエの性行動のステップ
（引用文献 [2-2] を改変）

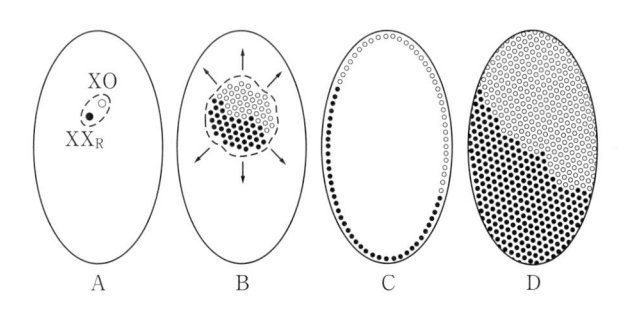

1 定位
2 求愛歌
3 リッキング
4 交尾試行
5 交尾

図3·2 性モザイクの多核性胞胚で性の境界ができていく様子の模式図
（引用文献 [1-15] を改変）

3.1 モザイク解析の原理

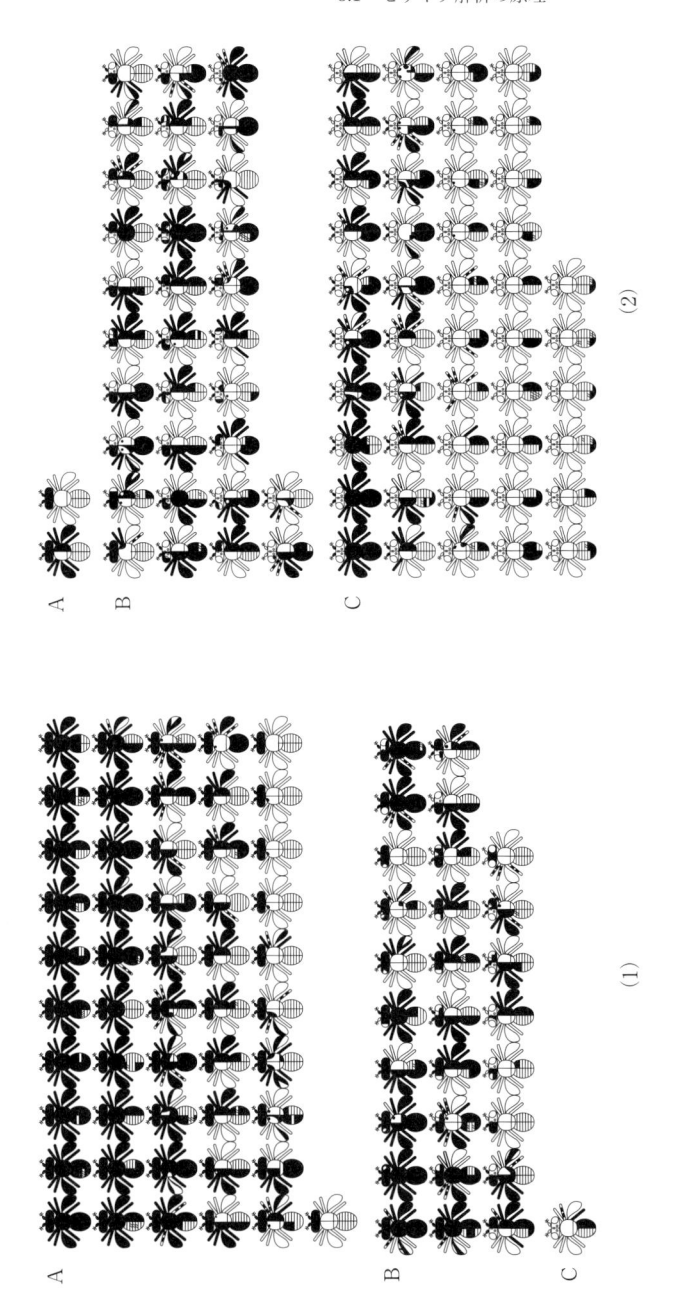

図 3.3 堀田とベンザーによって性行動のフォーカス決めに使われた性モザイク個体の性境界パターン.黒の部分が雌で白の部分が雄.(1) は雄の性行動 (片翅振動) を示した個体,(2) は雄の性行動を示さなかった個体.頭部の表面構造が A,雌雄混在するものが B,すべて雄のものが C に分類されている (堀田朋樹,『昆虫の行動と適応』[3-1] 所収,pp. 115-136, 培風館,1974).

ぼってようやく共通の祖先細胞（核）にたどりつくような，"遠い親せき"であろう（もともと単細胞の受精卵に由来するので，元をたどっていけばすべての細胞が受精卵という共通祖先細胞に行きつく）．

つまり，XX_R と XO のモザイク境界線は，胚の時期に近くに位置していた細胞（核）の間には生じにくく，二つの細胞（核）が遠くに位置していた場合ほど，境界線で仕切られる確率は高いと推察される（図3・3）[3-1]．そこで，多数のモザイク個体を用いて，成虫の各組織の間に境界線が入る確率を実験的に求めれば，その確率の値を各点間の距離に読み替えて，いろいろな組織が胚期にどこにあった細胞（核）から由来するのか，推定地図が書けるはずである．地形図の作成に使われる三角測量の原理である．こうして作成される組織地図が，胞胚発生運命予定図である（図3・4）[3-1]．

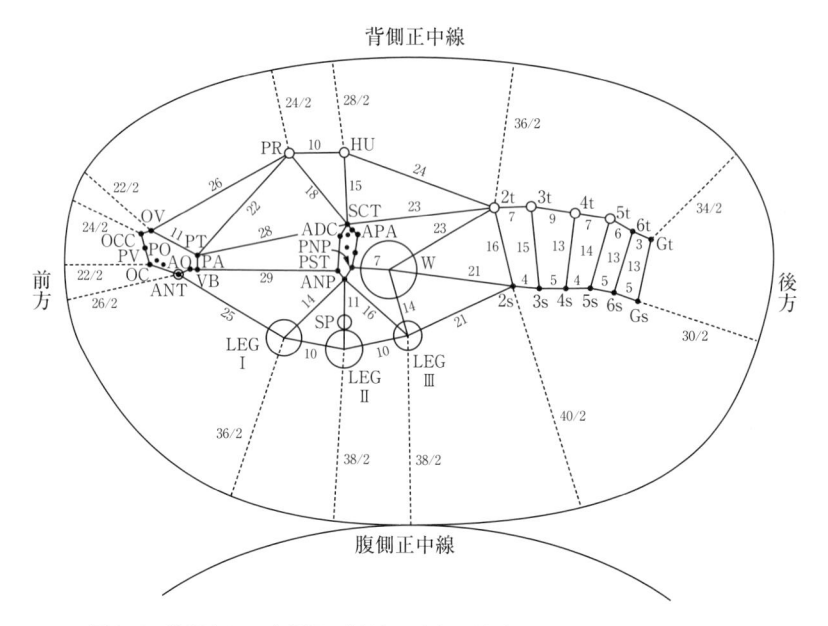

図3・4　胞胚上に三角測量（数値は確率に基づく距離）の要領で描いた成虫の各種体表構造（略号）の位置
（堀田凱樹，『昆虫の行動と適応』[3-1] 所収，pp. 115-136, 培風館，1974. 原著の図は，Hotta, Y. and Benzer, S., 1972, Nature **240**, 527-535 [3-4]）

3.2 行動をつくりだす体内部位の推定

3.2.1 胞胚運命予定図を使って行動の座をマップする

　胞胚発生運命予定図は体の構造についての地図であるが，行動の座に拡張することも可能である．各モザイク個体の性行動が雌型か雄型かを調べ，体表の構造（ランドマーク，たとえば特定の剛毛）の性との相関を見るのである．行動の座をつくる細胞（核）と，ランドマークの細胞（核）とが，胚期に近くに位置していれば，両者の性が一致する確率（両者の間に境界線が入らない確率）は高いはずだからだ．

　性行動の座をこの方法で追求した最初の例は，P. ウィッティン（P. Whiting）が寄生蜂のヒメコマユバチを用いて行った研究で，性行動の型は頭部表面構造の性とよく一致することが 1932 年に報告されている [3-3].

　堀田とベンザーは，さまざまな神経機能異常の変異形質を胞胚発生運命予定図にマップし，続いて雄型の性行動の有無と体表ランドマークの性との相関について調べた．体表の性（X 染色体を 1 本もつか 2 本もつか）は，X 染色体に乗っている可視マーカーの劣性変異，$yellow$（y）の表現型の有無で簡単にわかる．XO の雄組織は X が 1 本しかないため，そこに乗っている y の表現型が現れて，からだ（クチクラ）が黄色くなり，XX_R の雌組織は X_R 上の野生型 allele y^+ と X 上の y とのヘテロ接合体となるため，劣性形質は現れずに正常な飴色を呈するからである．

3.2.2 性行動は体のどこで生まれるのか

　解析の結果，雄の性行動の座は頭部の先端にあり（図 3·5）[3-1], それは脳であろうと考えられた（図 3·6）[3-1]．この座の性が少なくとも片側，雄であることが，雄型の性行動を引き起こさせる上で必要であった．雌の性行動を示すには，この座が両側とも雌である必要があった．左右一対ある座のうち，一方が他方を抑えて個体の表現型を決するとき，その座は domineering である，という．表現型が抑えられる側の座は submissive

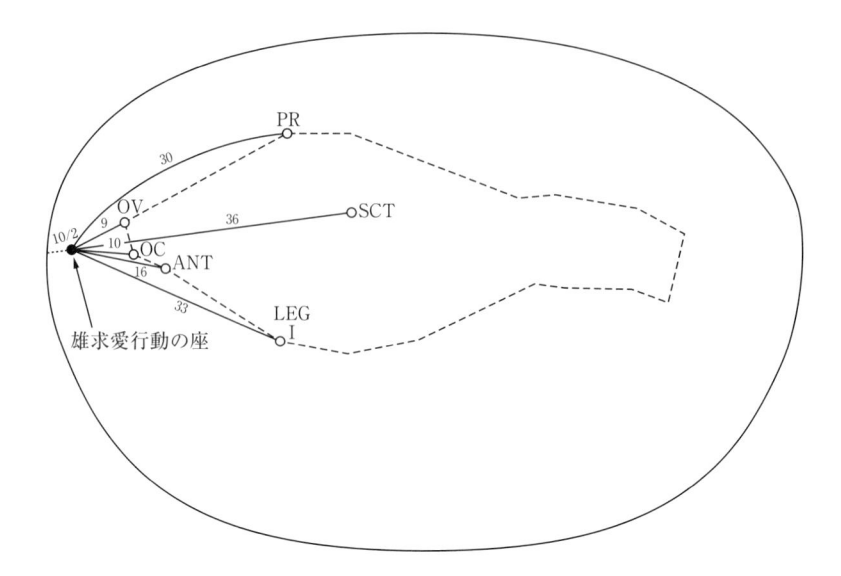

図 3・5　体表構造を基準にマップした雄の求愛行動のフォーカス
楕円の枠が胞胚の外表に対応する．略号は外部形態の座で以下のとおり．
OV：外頭頂剛毛，OC：単眼瘤剛毛，PR：吻，ANT：触角，SCT：小楯板，
LEG：脚．各外部構造の形質と雄の性行動の有無との相関を距離に読み替
えた数字が示されている．
（堀田凱樹，『昆虫の行動と適応』[3-1] 所収, pp. 115-136, 培風館，1974．
原著の図は，Hotta, Y. and Benzer, S., 1972, Nature **240**, 527-535 [3-4]）

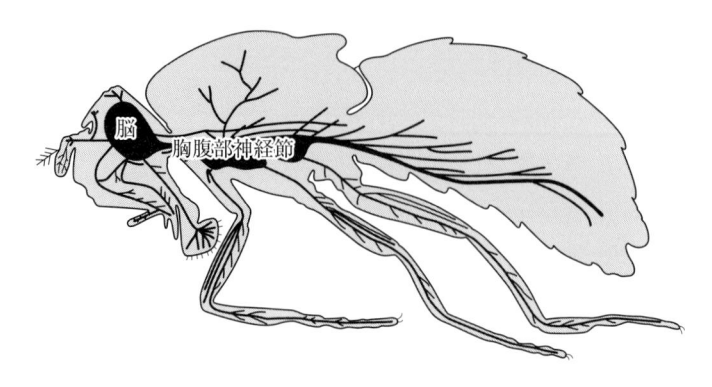

図 3・6　成虫の正中断面に神経系の位置を示す
（堀田凱樹，『昆虫の行動と適応』[3-1] 所収, pp. 115-136, 培風館，1974）

である，という．この場合，雄の性行動の座は雌の性行動の座に対してdomineeringとなる．

神経機能異常の変異や性行動を胞胚発生運命予定図に書き込んだ堀田とベンザーの研究 [3-4] は，間接的な手法とはいえ，遺伝子の作用の場が神経細胞であることを示し，丸ごとの個体の中でそれが果たす役割を表現したものとして注目される．

3.2.3 組織切片を積み上げて脳内の行動の座を決める

しかし，まず知りたいことは，脳のどの場所が性行動のどの部分を生み出すのか，であり，上記の胞胚発生運命予定図を用いる推論的方法に，それだけの精度を望むのは無理である．一番確実な方法は，性モザイクの個体（脳）の連続組織切片をつくり，雌雄の境界線を直接その切片上で確認して，雄の行動，雌の行動をする個体でどの部分が常に雄，あるいは雌であるのかを決定するというものだ．問題は，y のような手頃なマーカーが内部組織（とくに脳神経系）にはないことである．

そこでこの問題を解決すべくホール [3-5] が目をつけたのは，本来第3染色体にある酸性フォスファターゼ遺伝子（*Acph-1*$^+$）が転座したX染色体であった．この酵素の活性の有無は組織染色で簡単に調べることができる．第3染色体の *Acph-1* 座を変異型ホモ接合（*Acph-1*^{n11}）にすると，正常な酵素はX染色体に転座した遺伝子のみからつくられることになる．

ホールはさらにこのハエの第2染色体に *paternal loss*（*pal*）という変異をホモ接合でもたせた．*pal* 変異体の雄の子供たちでは，父親由来のX染色体が体細胞から高頻度に失われる．*Acph-1*$^+$ の転座が起こったX染色体をこの父親（第3染色体は *Acph-1*^{n11}）にもたせておき，*Acph-1*^{n11} 変異体ホモ接合雌と掛け合わせると，雌（XX）の子孫の一部の細胞で *Acph-1*$^+$ の乗ったX染色体が失われ，その部分が雄化（XO）した性モザイク個体ができる．雄化したXOの組織からは酸性フォスファターゼ活性が失われるので，組織染色しても発色しないが，XXの雌の組織は酵素活性により茶色く染まる．

3.2.4 行動を調べた個体の脳を解剖してモザイク解析を行ったホール

性モザイク個体のそれぞれについて性行動を観察して記録した後，すべての被検個体について凍結切片を作製し，脳のどの場所が雄化されていたかを調べるのである．ホールは180頭の性モザイク個体について連続切片を作製して，組織の性と行動の性との相関を調べ，雄型の性行動を開始するためには，脳の背面後側の上部，キノコ体とよばれる脳の構造体に隣接した部分が，少なくとも片側，雄の組織でできていることが必須であるとの結論に達した（図3・7, [3-5]）．

このようなモザイク個体は，タッピング，雌の追跡，および片翅を広げるといった雄の求愛の初期に見られる一連の行動をとった．これに対してリッキングをするには，脳の上記の領域が左右両方，雄の組織でできていなければならなかった．すなわち，リッキングの座は submissive といえる．そして交尾試行の座は脳ではなく胸部神経節の広い領域に求められた．

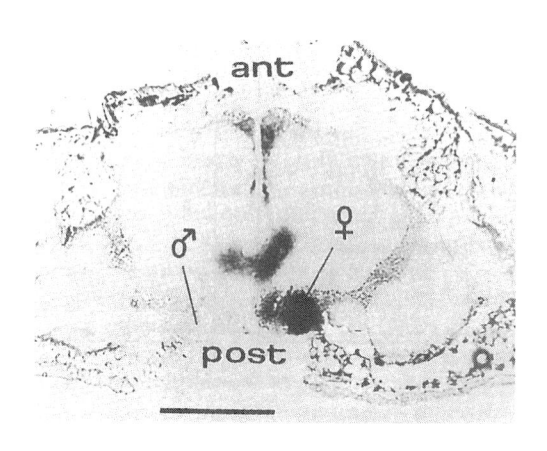

図3・7 雄の性行動を示した性モザイク個体の内部標識によって雌雄の組織を脳で染め分けた切片像
比較的背側に寄った高い位置で切った水平断面．ant が前方，post が後方を示す（引用文献 [3-5] を改変）．

3.2.5 ラブソングのモザイク解析

雄の求愛の中で最も目を引く片翅を使ったラブソングの発生にも，胸部神経節に雄の組織が必要であった．ラブソングの座を決定する実験は，フォン　シルヒャーとホール [3-6] によって共同で行われた．当時，ラブソングの記録は難しい作業と考えられていたため，その専門家であるドイツのフォン　シルヒャーのもとで音響的実験は行われ，ラブソングの記録をとったハエはすぐに米国のホールに送られて，脳の組織学的検討に付されたのである．

およそ 200,000 個体の中から 423 のモザイク個体が得られ，うち約 300 について羽音の記録が試みられた（残りの個体は頭部の可視マーカーから全頭部が雌の組織であると推定されたため，除外）．結局，雌に対してラブソングを発したのはこのうち 142 個体であった．しかし，大西洋横断の間に死んでしまったものが相当あり，組織学的研究に回ったときには，96 個体にまで減っていた．この 96 個体中，正常なパルスソングが記録されていたのは 67 個体で，サインソングも歌っていたものはこのうちの 19 個体にすぎず，残る 48 個体はパルスソングだけを発していた．

これらのモザイク個体の解析から得られた結論は，胸部神経節の中胸部分が少なくとも片側，雄の組織であればパルスソングを歌うというもので，サインソングについては正確にマップするには至らなかった．

3.2.6 求愛と交尾は別

これらの一連のモザイク研究から，雄型の性行動の初期成分（タッピング，追跡，片翅を広げる動作）が実行されるには頭部後背部の座が片側雄であればよいが，リッキングのためにはその座が両側雄である必要があり，さらに交尾試行にまで進む際には胸部神経節の中胸部分が少なくとも片側雄でなければならない．そして，正常なラブソングを歌うにも，中胸の神経叢腹側部の左右のどちらか一方は雄である必要があるという結論が得られた．

ラブソングを発する翅の運動は左右非対称で，左右一方の翅だけを羽ばたかせてしばらく歌い，その後反対側の翅を羽ばたかせる，という行動をくり

返す．にもかかわらず，胸部神経節の片側だけが雄でありさえすれば，左右どちらの翅を使うときも正常な歌を発することができる．このことから，左右を同時にコントロールする介在ニューロンが存在するか，左右鏡像対称のペアになった介在ニューロンが両側の運動を制御しているかであろうと推察できる．

3.2.7　雌の交尾受入れの脳内部位

一方，雌の性行動をコントロールする脳内部位の探索は，ホールの最初のポストドクであるローリー・トンプキンス（Laurie Tompkins）[3-7] の手によって進められた．彼女は *Acph-1* を内部マーカーとして用いる性モザイク解析を行い，雌が交尾を受入れるためには脳の前背側部，キノコ体近傍が，両側とも雌の組織であることが必要と結論した．雄の性行動の開始は domineering な座によって行われ，脳の後背側部，キノコ体近傍が片側雄の組織であればよいのに対して，雌の性的受容性の座は submissive ということになる．堀田とベンザーの体表マーカーを用いたモザイク解析の結果 [3-4] と，この点，矛盾がない．

3.2.8　性行動の座を絞り込む

性行動を組み立てている神経網をさらに絞り込む試みは，新たな解析手法が開発されるたびに精度を高めながらくり返され，その中枢の実体へと肉薄してゆくことになる．

たとえばラルフ・グリーンスパン（Ralph Greenspan, 元を正せばホールの最初の大学院生だった）のもとに留学したジャン-フランソワ・フェルヴァー（Jean-François Ferveur, 現 CNRS）[3-8] は，GAL4-UAS システム（37 ページ参照）を用いて雌化遺伝子 *transformer* の正常型（*tra*$^+$）を雄の脳内のさまざまな部位に強制発現させ，その部分だけを雌化して性行動に対する効果を調べた．その結果，触角の嗅受容器（図 3・8）[3-9] から送られてくる匂い情報を脳内で最初に受け取り処理をする触角葉（図 3・9）[3-10] の特定部

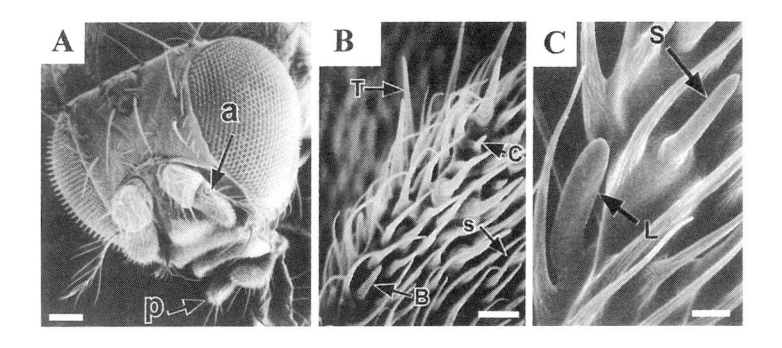

図3·8 キイロショウジョウバエ成虫頭部の走査型電子顕微鏡像
A：頭部正面の触角（antenna, a）と小顎鬚（maxillary palpus, p）を示す．
B：触角に生えている毛が感覚器（T, B, C, s に区別される）．C：B タイプには大型（L）小型（S）がある（引用文献 [3-9] の Fig. 1）．

位が雌化されると，脳の他の部位がどうであれ，その雄は同性愛行動を示して他の雄に求愛を行うことがわかった．

3.2.9 匂いの分別基地，触角葉

触角葉はぶどうの房のように丸い"球"のような構造が51個集合してできている．この球を糸球体（glomelurus）という．触角の嗅受容細胞はそれぞれ匂いセンサーとして働く受容体遺伝子（olfactory receptor の頭文字 Or に番号を付してよばれる）が二つ対になって発現しており，その内の一つはほとんどすべての細胞に共通の *Or83b* 受容体遺伝子，もう一つは60個ほどある他の *Or* 遺伝子のどれか（仮に *Or"x"* とよぶ）である．個々の嗅受容細胞がどのような匂い物質群に応答するかを決めているのは，*Or"x"* であると思われる．

同じ *Or"x"* を発現する嗅受容細胞はその軸索を同一の触角葉糸球体に伸ばす．つまり，同質の情報をキャッチする嗅受容細胞が一つの糸球体に収斂するのであり，匂いの質の違いは，興奮を起こす触角葉の糸球体の組合せの違いに置き換えられて，さらに高次の中枢へと送られる．

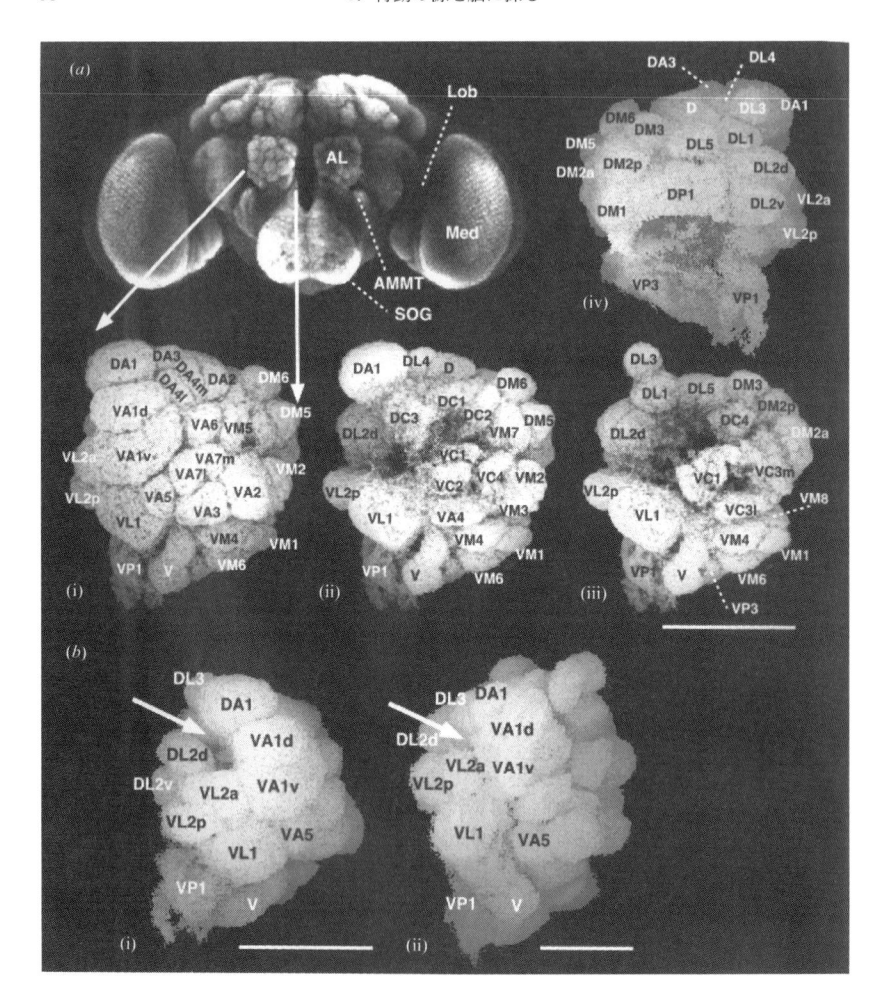

図 3·9　キイロショウジョウバエ成虫脳の触角葉
　脳の正面画像上に触角葉（AL）を示す．視小葉（lobura：Lob），視髄（medulla：Med），SOG（食道下神経節），AMMT（触角運動神経）も示す．（ⅰ）〜（ⅳ）は触角葉の拡大図で腹側（ⅰ）〜（ⅲ）と背側（ⅳ）から見たもの．腹側の画像は表面の糸球体を取り除いて内部の糸球体を見た場合を順次示している．糸球体上のレターは糸球体名．スケールバーは 50μm（Kondoh, Y. *et al*., 2003, Evolution of sexual dimorphism in the olfactory brain of Hawaiian *Drosophila*. Proc. R. Soc. Lond. B **270**, 1005-1013, Figure 1 [3-10]）．

フェルヴァーらは，触角葉解剖学のエキスパートであるスイス・フリブルク大学のレイニー・ストッカー（Reinhard F. Stocker）の助けを借りて糸球体を特定し，当時は43個あるとされていた糸球体のうち，VA3とDM2の二つが性転換すると，雄が同性愛行動をとるようになると結論した[3-8]．

3.3　脳神経系の活動を人為的に操作する方法

3.3.1　脳の強制活性化と不活性化

グリーンスパンのグループ[3-11]はその後，雄の神経組織の違った部位を強制的に活性化あるいは不活性化する方法で，性行動を促進したり抑制したりする場所を調べた．この実験でもGAL4-UASシステムを用いるが，強制発現させるのは tra^+ ではなく shi^{ts1} や $eag^{\Delta 932}$ である．shi^{ts1} は後述の仕組みでシナプス伝達を遮断し，$eag^{\Delta 932}$ は神経の活動を引き起こす．eagは，麻酔をかけると脚をばたつかせる ether-à-gogo（エーテルでゴーゴー）という突然変異としてベンザー研出身のチュンファン・ウー（Chun-Fang Wu：呉春放，アイオワ大学）とバリー・ガネツキー（Barry Ganetzky，ウイスコンシン大学）によって見いだされたもので，カリウムチャネルをコードする遺伝子である[3-12]．そのN末端側のごく短い部分だけをもつ $eag^{\Delta 932}$ は，Eagカリウムチャネルを阻害して神経を興奮させやすくする．

この実験の結果からグリーンスパンら[3-11]は，外側原大脳の後部（posterior）に存在する細胞の集まりが雄の求愛の開始を促進する働きをもち，その少し前側に位置する別の細胞の集まりが求愛を抑制する働きをもつと報告した．

3.3.2　全世界をしびれさせた *shibire* 遺伝子

ここで登場した shi^{ts1} は，これからたびたび登場するので，ここで少し詳しく説明しておこう．

shi^{ts1} は，日系カナダ人で後にテレビキャスターに転進したデイヴィッド・

スズキ (David Suzuki) により 1970 年に分離・報告された突然変異で，変異体が高温で麻痺に陥ることからこの名がある (*shi* は *shibire* であり，日本語の"しびれ"に因む) [3-13]．米国シティ オブ ホープ研究所の池田和夫らの電顕と電気生理学的研究によって，shi^{ts1} 変異体では，神経細胞とその標的細胞の間のシナプスにおいて，情報の伝達が異常になっていることが明らかにされた [3-14]．

この変異体では，シナプス伝達は常温 (たとえば 25°C) では正常であるが，高温 (29°C 以上) になるとたちまち遮断されるのである．常温に戻せばシナプス伝達はたちどころに回復する (図 3・10) [3-14]．変異体が異常を示す温度を restrictive な温度，異常が現れない温度を permissive な温度という．

高温で伝達が遮断されるのは，情報を送り出す側のシナプス前膜において，

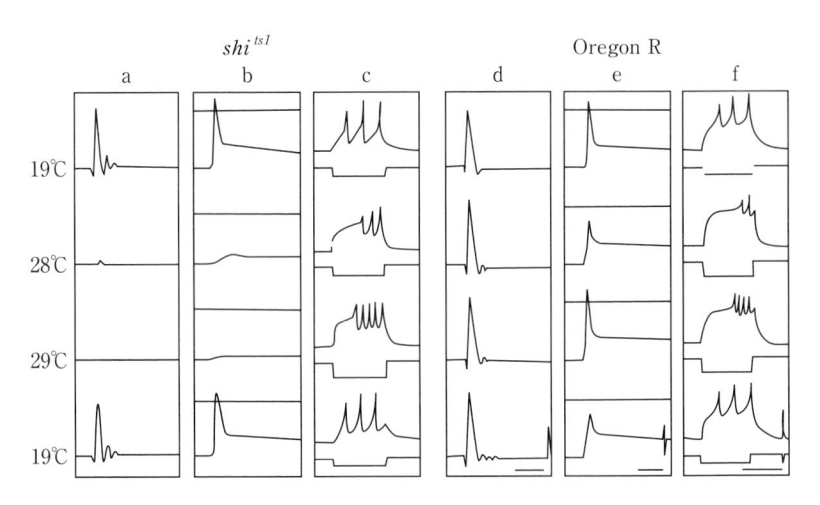

図 3・10 shi^{ts1} 変異体の神経筋伝達の温度依存的遮断
　shi^{ts1} (左の 3 コラム) と野生型の Oregon R 系統 (右の 3 コラム) の成虫骨格筋の収縮 (a, d)，支配神経刺激に対する筋応答の細胞内電位 (b, e)，筋への電流注入によって生じた細胞内電位変化 (c, f)．(c) と (f) の下のトレースは，通電した電流を極性反転して示している．(b) と (e) の上のトレースは 0 電位レベルを示す．シナプスを介して発生した筋活動電位のみが高温で脱落し，その後には小さくなったシナプス後電位が認められる (引用文献 [3-14] を改変)．

化学伝達物質を含んだシナプス小胞が枯渇するからである．シナプス小胞は脂質二重膜でできた小さな袋状の構造体で，その中に神経伝達物質を含有しており，シナプス前末端に蓄積されている．

3.3.3　シナプス伝達の人為的オン−オフを可能にする

シナプス前ニューロンの軸索（ニューロンが情報を送り出すのに使う長い神経突起）を伝わって活動電位がシナプス前末端に侵入すると，それに伴って前末端への Ca^{2+} の流入が起こり，それが引き金となってシナプス小胞は前末端細胞膜と融合する．これにより小胞内部の伝達物質がシナプス間隙へと放出される（開口放出，exocytosis）．放出された伝達物質はシナプス間隙を拡散してシナプス後膜へと達し，そこで受容体と結合してシナプス後細胞に応答を引き起こす．こうして細胞を隔てた情報の伝達が達成される．

ここで，シナプス小胞の膜は一度融合するとシナプス前膜の細胞膜に吸収される．その後，細胞内へシナプス前末端の細胞膜の小部分が落ち込んで（endocytosis），再び小胞を形成する．この endocytosis には Dynamin というタンパク質が必要で，shibire 正常型遺伝子はこのタンパク質をコードすることが，その後明らかにされた．shi^{ts1} 変異型遺伝子がつくる Dynamin タンパク質は高温で異常となり，シナプス小胞の再形成を妨害するため，シナプス小胞が枯渇してシナプス伝達が遮断されるのである．

3.3.4　キノコ体と性行動

シティオブホープ研究所の北本年弘（現・アイオワ大学）は，この shi^{ts1} を UAS につないだ形質転換体を作製し，脳内の特定領域に GAL4 を用いて発現させた上で温度を上下すると，ショウジョウバエの行動をリアルタイムで制御できることを示した [3-15]．たとえば，C309 という GAL4 エンハンサートラップ系統を用いて shi^{ts1} を発現させ，restrictive な温度にシフトすると，雄が突然互いに求愛する同性愛行動を示した．permissive な温度に戻すやいなや，同性愛行動は止まった．

C309 は脳のキノコ体とよばれる構造に強く発現することでよく知られているが,同様にキノコ体に強く発現する他のエンハンサートラップ系統には,同性愛行動を誘発するものはなかった.GAL4 の働きを阻害する GAL80 タンパク質を一群のアセチルコリン作動性ニューロン（アセチルコリンを伝達物質としているニューロン）に同時に発現させると,C309 の同性愛行動誘発作用は完全に失われた.このことから北本は,キノコ体の外に存在するアセチルコリン作動性ニューロンが,同性間の求愛を普段は抑制していると結論している [3-15].しかし,そのニューロンの実体は明らかではない.

　キノコ体は,その形が茸に似ていることから名づけられた脳の構造体である（図 3・11）[3-16].ここには,嗅受容ニューロン（一次ニューロン）から

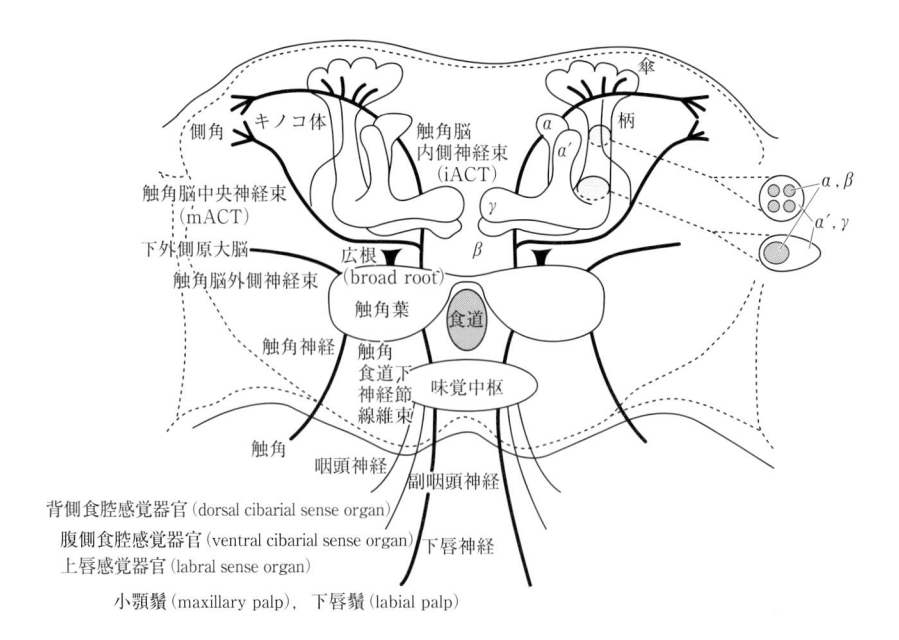

図 3・11　脳の主要な構造体と線維束
　触角神経からの嗅入力は触角葉で投射ニューロンに受け渡され,投射ニューロンの軸索は iACT と mACT の二つの線維束となってキノコ体と側角に至る.キノコ体は α, α', β, γ などの各葉からなる（引用文献 [3-16] の Fig. 1）.

投射型の介在ニューロン（二次ニューロン）に触角葉で受け渡され処理された嗅情報が送られてくる．キノコ体は，こうして触角葉から嗅情報の投射を受けるとともに，他の感覚種類の情報をも他から受け取って，それらを統合する中枢である．キノコ体が働かないと学習と記憶に障害が起こる．ストッカーらは発生途上に薬剤処理をすることによってキノコ体を成虫の脳から取り除く実験を行い，キノコ体を失った雄が雌に対して正常に求愛することを示している．学習を要しない性行動は，キノコ体を介さずに制御されていることを示唆している．

3.3.5 破傷風毒で神経伝達を遮断する

ストッカーら [3-17] はまた，GH146 とよばれる GAL4 エンハンサートラップ系統を用いて，その機能を止めたときに雄の性行動がどのような影響を受けるか検討した．GH146 では，触角葉から伸びるおよそ 100 個の投射ニューロンとごく少数の他のニューロンに GAL4 が発現している．

100 個のうち 90 個程度のニューロンは，触角葉の 51 個の糸球体のうちのどれか一つにだけ樹状突起叢（樹状突起は，ニューロンが他のニューロンから情報を受け取るシナプスを有する枝を指す）をもち，上記のようにキノコ体に投射するとともに，さらにその先の側角とよばれる部位にまで軸索を伸ばしている（図 3・11）．この軸索の束を触角脳神経束（antennocerebral tract）という．残りの 5～10 個のニューロンはいくつもの糸球体に樹状突起叢をもち，キノコ体には側枝を出さずにまっすぐに側角へと達している．ストッカーらがニューロンの情報伝達を止めるために使った飛び道具は，オーケイン研究室のショーン・スウィーニー（Sean Sweeney）ら [3-18] によって導入された破傷風毒テタヌストキシン軽鎖遺伝子（tetanus toxin light chain, *Tnt*）である．TNT はシナプス小胞の開口放出を妨げるため，シナプスの伝達を遮断する．*UAS-TNT* を GH146 によって発現させ，上記 100 個のニューロンでシナプス伝達を遮断したところ，雄は雌にほとんど求愛しなくなった．

3.3.6 キノコ体によるデリケートな行動調節

　この観察とキノコ体除去実験の結果とから考えて，触角葉から側角へ直接向かう神経路が，雄の性行動を引き起こすために使われるのであろうとストッカーらは結論している．GH146のもとにTNTを発現させたこれらの雄では，同性間求愛は認められなかった．GH146によって標識されるニューロン群は雌に向かって求愛することには必要であっても，雄同士の求愛を抑止する働きは担っていないということを暗示している．つまり，雌から発せられるシグナルに反応して性行動を促進する経路と，雄から発せられて求愛を抑制する経路とが雄の脳内に並列に存在し，前者が障害されると異性間求愛の低下が，後者が障害されると同性間求愛の上昇が生じると推論される．

　ただ，キノコ体が学習に依存しない性行動にまったく関与しないというのは，極論かもしれない．主としてキノコ体にGAL4を発現するエンハンサートラップ系統にshi^{ts1}を組み合わせ，シナプスの機能停止を行った坂井貴臣（現・首都大学）と北本の実験 [3-19] では，その操作によって雌に対する雄の求愛開始が遅くなっているからである．キノコ体は性行動の実行には必須ではないが，その開始に促進的な調整作用を及ぼすのであろう．

　こうして，遺伝学的技術を使って性行動を生み出す神経回路の実体を明らかにしようという研究が，着実に進展していった．しかし，「どのニューロンが性行動のコントロールを行っているのか？」という問に，「この細胞だ」と答えを出すには，さらにもう一つ，ひねりを加えた実験が必要だった．その説明に入る前に，性行動を語るに際して，どうしても論及しなければならない一つの突然変異体がある．それが次章の主題である．

4 章

fruitless －同性愛突然変異体の登場

　1963 年，クルビル・ギル（Kulbir Gill）は，自身が分離した雄の不妊突然変異体の中に，しきりと雄に求愛する一方で雌とは交尾しない系統があることを見いだした．これが今日の *fruitless* 変異体である．その原因遺伝子は 1996 年に二つの独立のグループ（山元グループと，ホールを含む米国グループ）によってクローニングされるに至る．*fruitless* 遺伝子は性決定カスケードの末端に位置し，神経系の雌雄を分つ機能の担い手である．*fruitless* 遺伝子の mRNA は雌雄の脳神経系に発現しているが，そこから Fruitless タンパク質が翻訳されるのは雄だけである．*fruitless* mRNA からタンパク質が翻訳されるとそのニューロンは雄の性質をもつようになり，翻訳が起こらなかったニューロンは雌の性質をもつようになる．実際，雌雄を問わず mRNA から翻訳が起こるように改変した *fruitless* 遺伝子をもつ雌は，雄型の性行動をとるのであった．

4.1　偶然見つかった大物突然変異体 *fruitless*

4.1.1　40 年後に一世風靡，*fruitless*

　ベンザーたちは，単一遺伝子突然変異を多数誘発して，光走性，サーカディアンリズム，学習記憶に異常のある変異体を分離していったが，積極的に性行動異常の突然変異体を探索しようとはしなかった．おそらく，集団の性質として扱うのが困難であると考えたためであろう．

だが，性行動の遺伝解析に革命をもたらすことになる一つの突然変異体が，ベンザーによる行動遺伝学の開始に数年先行して，偶然に得られていたのである．1960年代初頭，イェール大学のドナルド・プルスン（Donald Poulson）の研究室で卵発生の研究をするためインドから来ていたギルは，雌の不妊の突然変異体を多数作出すべく，ハエにX線照射をくり返していた．ついでにとれてきた雄の不妊の突然変異体も捨てずに飼っていたが，その中に妙な系統を見つけた．この系統の雄は，雌に対してばかりでなく雄に対しても求愛し，にもかかわらず雌と交尾することがまったくないのであった．不妊となるのは無理からぬことであった．

　米国人の研究室仲間であったテド・ライト（Ted Wright）に"そそのかされて"ギルはこの変異体に *fruity* の名を与え [4-1]，米国動物学会でその奇妙な性行動について講演をした．1963年に発表されたこの講演要旨が *fruity* の初出である [4-2]．しかしギルはその後この系統を研究することなく帰国し，また"与太話"のネタにする以外はだれ一人この変異体にまじめに向き合うことなく，年月が経過していった．人の関心を引かない系統はやがて絶えるのが宿命というものだが，*fruity* は希有な例外であった．ベンザーの研究室に引き取られたこの系統は，以来今日まで生きながらえることとなる．

4.1.2　みんなが見向きもしなかった変異体が今やヒーロー

　この変異体を初めて研究の俎上に上げたのは，当時ベンザー研のポストドクだったホールで，1972-3年ごろのことである [4-1]．彼は同じ研究室にいたビル・ハリス（William Harris）の協力を得てこの変異を第3染色体の狭い領域にマップした．*fruity* という名はいかにもまずいということになって，彼らはこの変異を *fruitless* とよぶようになった．これなら遺伝子座の名前も *fru* のままでいい．

　その後，ホールはブランダイス大学に奉職し，*fru* の表現型解析を行った．これらの結果が1978年にホールによって Behavior Genetics 誌に発表され，*fru* に関する初めての論文となった [4-3]．仕上がった原稿をホールはベンザー

に送り，ベンザー研のもとの仲間からコメントがついてきたが，それは「こんな変異体研究してもしょうがないよ」といったものばかりだった [4-1]．結果，この記念すべき論文は，ホール一人の名前で発表されたのである．

　この論文の中でホールは，*fru* 変異体が示す特徴をほとんどすべて，的確に記載している．変異体の雄が他の雄に対して求愛することや，雄が互いに求愛して行列をつくること，また，求愛時に両翅を同時に開く傾向があること，変異体の雄がその奇妙な"魅力"によって，普段雄に対して求愛することのない野生型の雄からも求愛されることなどがそこには報告されている．ホールはこの翌年，インドのギルのもとを訪れ，変異体の名称変更を了解してもらったという [4-1]．

4.1.3　若い雄のセックスアピール

　この時期にホールのグループで行われた *fruitless* に関するもう一つの実験は，野生型雄が *fruitless* 変異体雄に示す性的関心の物質的根拠を探るためのものであった．羽化直後から数時間までの若い野生型の雄成虫は成熟雄から激しい求愛を受けることはすでに知られていた．この若雄のセックスアピールは，翌日には完全に失われてしまう．この現象は，若い雄に特有の(Z)-13-Tritriacontene と(Z)-11-Tritriacontene という二つのフェロモンによって誘発され，この化合物が羽化後急速に失われるに伴って，若雄のセックスアピールもまた消失することが，ラリー・ジャクソン（Larry L. Jackson）のグループによって明らかにされるには，その後10年近くを要したのである [4-4]．

　ともかく，こうした謎めいた現象に興味をそそられたポストドクのトンプキンスは，ショウジョウバエに含まれる揮発性成分のガスクロマトグラフィーによる分析に手を染めていた．そのとき，ちょうど研究室ではボスのホールが *fruitless* 変異体の雄に対して野生型の雄が求愛するという観察をしていたわけである．そこでトンプキンスは，*fruitless* 変異体雄の揮発性成分を，野生型の若雄，成熟雄のそれと比較してみたのだった．

すると興味深いことに，ガスクロマトグラムの保持時間 12 分辺りのところに，野生型の成熟雄には見られない大きなピークが，*fruitless* 変異体雄のサンプルで検出された．野生型の雌にもこの辺りにピークが見られる．さらに注目すべきことに，野生型の若雄のサンプルでは，ほぼ同じ保持時間の鋭いピークが現れるのである．こうした結果に基づき，トンプキンスらは *fruitless* 変異体の雄が野生型の雄から求愛を受けるのは，若雄特有のフェロモンが一生にわたって出続けているからかもしれないと推論している [4-5].

4.1.4　求愛されることと求愛することの違い

その後，*fruitless* 突然変異体雄で検出された謎のピークの正体については，追求されることなく今日に至っている（後述）．この実験で用いられた *fruitless* 突然変異体とはギルによって分離されたオリジナルのアリルであり，今日では fru^1 とよばれているものである．fru^1 の雄が他の雄に求愛をするのは，求愛相手の認知の問題である，つまり神経系の働きの変化によると考えられるが，fru^1 の雄に対して野生型の雄が求愛する現象は，fru^1 変異体の雄のフェロモンの変化を反映しているという点に注意を払いたい．つまり，fru^1 変異体雄の性行動表現型は，「求愛する側」と「求愛される側」という二つの独立した局面に生じた二つの表現型の合算として理解できるということである．

4.1.5　ゲイリーによる *fruitless* 遺伝子座マッピング

この頃，キリアコウがホールの研究室のポストドクとなり，ラブソングの IPI に周期的な変動があることを発見したことはすでに述べた．その発見を契機に，ホールの研究室は *period* 遺伝子のクローニングと機能解析に全力を注ぐことになる．そして *fruitless* 突然変異体は再び眠れる獅子のごとく，無名のストックにまぎれてその後の 10 年をまったく注目されることなく過ごしたのであった．

そしてダン・ゲイリー（Donald A. Gailey）によって転機がもたらされる．

ホールのポストドクとなる前にゲイリーは，R. シーゲル（R. W. Siegel）の研究室で性体験による雄の行動の変化を研究していた [4-6]．性行動の変化の要因が"フェロモンを嗅いだという経験"にあるという考えから，彼はフェロモンそのものにも興味を抱いた．若い雄に求愛した成熟雄は，交尾後間もない雌に求愛した雄と同様に，その後しばらく，雌（処女雌）に対する求愛を避けるように変化する．この観察をしたことのあるゲイリーが fruitless 変異体に関心をもつのは，至極当然であった．

ゲイリーら [4-7] はまず，fru 遺伝子座をいくつもの染色体欠失を用いて細胞遺伝学的にマッピングすることから始めた．ギルが分離した fru^1 は X 線照射によって誘発された突然変異で，fru が大まかにマップされる第 3 染色体の 90C から 91B の領域がひっくり返った逆位 [In (3R) 90C;91B] となっていることがわかった（図 4・1a）[4-7]．逆位ということは，染色体が二か所で切断されているということである．切断が起きた場所にもともと遺伝子が存在していたならば，その遺伝子は分断されてしまい，機能を失うか，異常な働きをするようになることが予想される．つまり，fru^1 変異体の表現型は逆位による二つの切断点のいずれか，あるいは両方に対応することが予測されるであろう．

ゲイリーらの詳しい解析の結果，「求愛する側」としての表現型，すなわち雄が雄に求愛するという表現型は，91B の切断点に対応していた．一方，「求愛される側」としての表現型，すなわち野生型の雄に求愛を引き起こすという表現型は，90C の切断点に対応していることがわかった（図 4・1b）[4-7]．

4.1.6　性フェロモン研究のパイオニア，ジャロン

キイロショウジョウバエの性フェロモンはジャン‐マーク・ジャロン（Jean-Marc Jallon）のグループ（フランス・CNRS）によるパイオニア的研究 [4-8] によって多くが明らかにされ，その主要な成分は体表のクチクラを構成する炭化水素である（図 4・2）．雄の主要な炭化水素である 7-tricosene (7-T) は雌に対しては性的受容性を上昇させ，雄に対しては性行動を抑制す

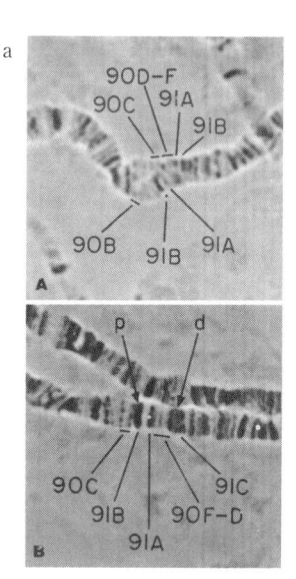

図4・1 *fru*座の染色体上でのマッピング
第3染色体の90から91の区画（番地にあたる）に*fru*が存在することが，唾腺染色体の観察と欠失を用いたマッピングによってわかった．fru^1アリルは染色体逆位によって生じたもので，そのヘテロ接合体の唾腺染色体を観察すると，染色体逆位の部分は正常な相同染色体と対合できない部分として識別できる．染色体バンドの特徴から，二つの切断点（*fru* break）の細胞学的位置が 90C と 91B にあることがわかる．この付近を失った欠失染色体（DG2 等は欠失染色体の名で，以下，欠失の範囲をボックスで示す）をfru^1染色体と組み合わせて変異表現型が生ずるか否かを調べ，fru^1 が有する二つの切断点のうち，染色体遠位側（distal）の部位（91B）が *fru* の同性愛表現型に対応することがわかった．近位側（proximal）の部位（90C）はフェロモン産生と関係している（a: 引用文献 [4-7] の Fig. 3; b: [4-7] の Fig. 1）．

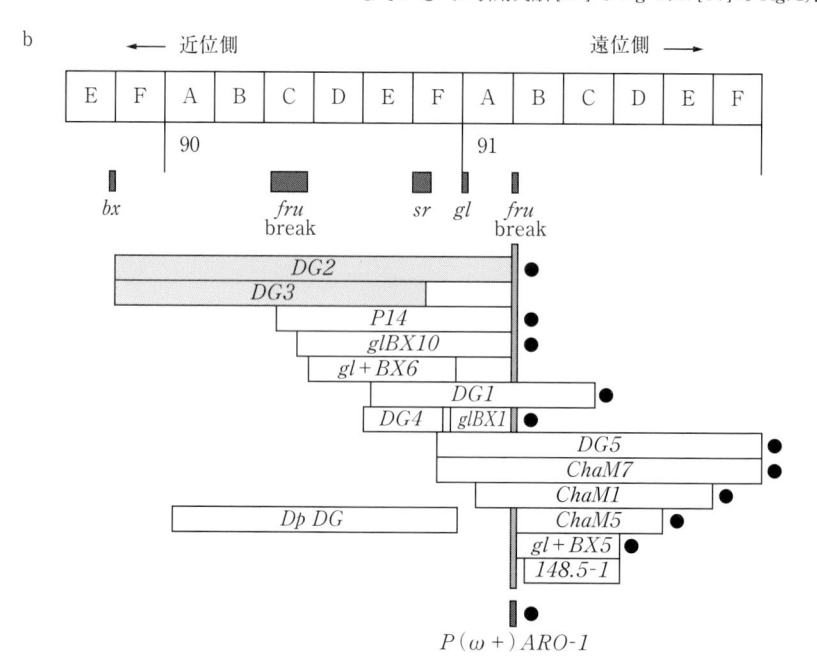

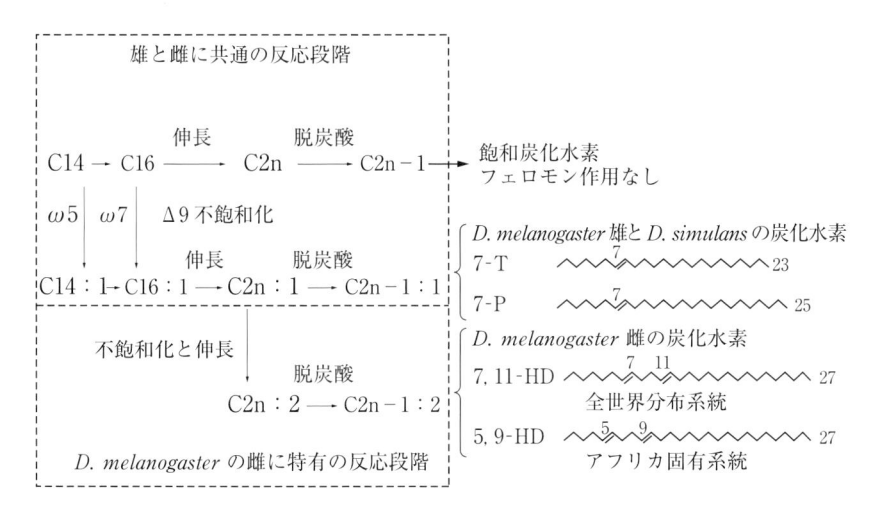

4.1 偶然見つかった大物突然変異体 *fruitless* 81

```
┌─────────────────────────────────────────────────┐
│              雄と雌に共通の反応段階                │
│        伸長        脱炭酸                        │
│  C14 → C16 ──────→ C2n ──────→ C2n−1 →  飽和炭化水素
│  │ω5 │ω7  │Δ9不飽和化                            フェロモン作用なし
│                                                  D. melanogaster 雄とD. simulans の炭化水素
│        伸長        脱炭酸                        7-T  ∧∧∧∧∧∧∧∧∧∧∧ 23
│ C14:1← C16:1 ──→ C2n:1 ──→ C2n−1:1              7-P  ∧∧∧∧∧∧∧∧∧∧∧∧ 25
│        不飽和化と伸長                             D. melanogaster 雌の炭化水素
│                   脱炭酸                         7,11-HD  ∧∧∧∧∧∧∧∧∧∧∧∧∧ 27
│                 C2n:2 ──→ C2n−1:2                        全世界分布系統
│                                                  5,9-HD   ∧∧∧∧∧∧∧∧∧∧∧∧∧ 27
│     D. melanogaster の雌に特有の反応段階                   アフリカ固有系統
└─────────────────────────────────────────────────┘
```

図4・2 キイロショウジョウバエの性フェロモンとその合成経路
 フェロモンは炭化水素化合物であり，たとえばC16と標記した化合物は炭素が16個直鎖状につながり，二重結合はない（飽和脂肪酸）．この分子にΔ9不飽和化という反応が起こると，7番目の炭素のところに二重結合が一個入ったω7とよばれる不飽和脂肪酸ができる．これが酵素反応を経てフェロモンとなる．C16:1は炭素16個の一つが二重結合をもつことを示す．右に雌雄の主要な性フェロモンを示す
 (Legendre, A. *et al*., 2008, Insect Biochem. Mol. Biol. **38**, 244-255 [4-9], Fig. 1を改変).

る働きをする．雄に多く含まれるもう一つの成分である7-pentacosene (7-P) は，雄の求愛を呼び起こす作用がある．そのため，7-T/7-Pの比が高いほど雄同士の求愛は抑制され，低いほど同性間の求愛が起こりやすくなる．

 ゲイリーらはジャロンのグループの協力を得て*fru¹*の炭化水素成分を調べ，その結果，*fru¹*の雄では野生型に比べて7-Tが60パーセントも減少し，7-Pはむしろわずかに増加していることを知った（マシュー・コブ [Mathew Cobb] とフェルヴァー [4-10] による）．7-T/7-Pの比は*fru¹*変異体の雄で著しく下がっていることになり，野生型の雄に彼らが求愛される現象は，これによって説明できるかもしれない．

 このような顕著なフェロモン成分の変化は，90Cに位置する遺伝子の機能が*fru¹*によって変化したためである可能性が高いが，この「求愛を受ける

側」の特性を決める遺伝子の実体は今なお不明のままである．そして今日 fruitless の名でよばれているのは，91B に存在する「求愛する側」を規定する遺伝子である．

こうして fruitless 遺伝子座が染色体上にマップされたことによって，その存在に対する懐疑論は多少弱まった．それでも，同性愛行動という表現型だけでは万人を納得させるには至らなかった．fruitless の地位を盤石にする発見は，再びゲイリーによってもたらされた．

4.1.7　雄にしかない筋肉，ローレンス筋の不思議

キイロショウジョウバエの成虫では腹部第 5 節背板に付着した縦走筋に性差のあることが，ピーター・ローレンス（Peter A. Lawrence）とポール・ジョンストン（Paul Johnston）によって 1984 年に報告されていた [4-11]．他の縦走筋よりもひときわ大型で，筋付着点も前後に大きくせり出しているため，一見して区別がつく．後にこの筋肉は発見者に因んでローレンス筋と命名された（図 4・3）[4-12〜4-14]．

ローレンスらは性モザイク個体の観察などから，筋肉自体の性（筋肉が XX の細胞でできているか XY または XO か）の如何にかかわらずこの筋肉に伸びている運動神経（支配神経）の性が雄（XY または XO）でありさえすれば，大型の雄特異的筋肉が形成されることを見いだした．ある細胞の特徴が，自身の遺伝子型（または自細胞に由来する因子）によってではなく，他の細胞の遺伝子型によって決定されることを，細胞非自律的，という．逆に自分の特徴が自分の遺伝子型によって決定されることは，細胞自律的である．

ローレンス筋の形成は，支配運動神経によって細胞非自律的に起こる，ということである．発生学の表現を使うならば，ローレンス筋は支配運動神経によって誘導（induction）を受ける，とも言える．

4.1.8　fruitless 遺伝子と雄特異的筋肉形成との接点見つかる

ゲイリーたちはカリフォルニア大学サンディエゴ校（UCSD）のバーバラ・

4.1　偶然見つかった大物突然変異体 fruitless

A

触角のジョンストン器官
肩板（tegula）
複眼
ローレンス筋
触角の毛状感覚子（trichoid）
内部生殖器
外部生殖器
小顎鬚
唇弁
中枢神経系
脚の感覚毛

B

① ② ③

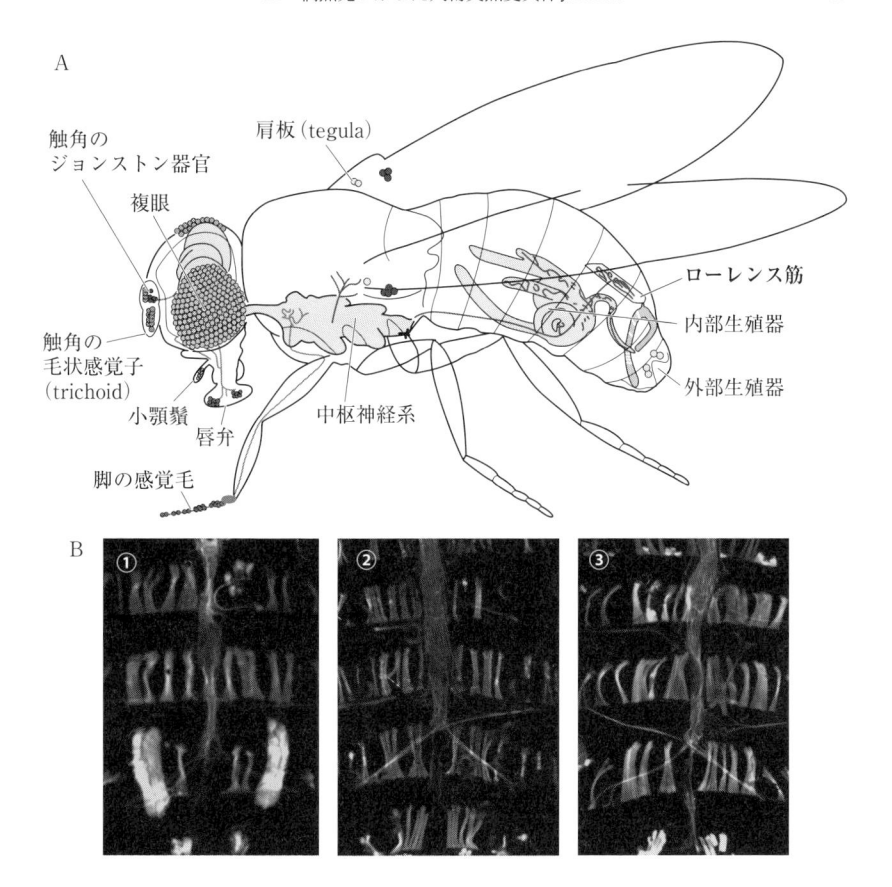

図 4・3　雄特異的なローレンス筋と性決定遺伝子群との関係

A：ローレンス筋のある場所．B：野生型雄の腹部背板縦走筋の中で第5節（A5）に存在するひときわ大きな一対がローレンス筋①．野生型雌②や fru^{sat} 変異体雄③はこれを欠く．C：ローレンス筋の存否と性決定遺伝子変異（Sxl^-, tra^-, $tra2^-$, dsx^D/dsx^-, fru^-）との対応を示す模式図．黒のボックスがローレンス筋．XX は雌，XY は雄．dsx^D 変異は個体の性にかかわらず雄特異的 Dsx タンパク質を常につくる変異（A：引用文献 [4-12] の Fig. 3A, B：野島鉄哉原図, C：引用文献 [4-14] の Fig. 8）．

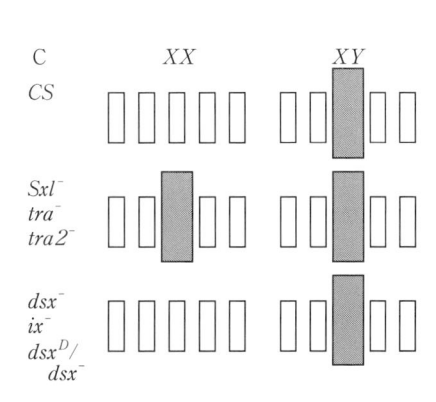

C　　　　XX　　　　XY
CS

Sxl^-
tra^-
$tra2^-$

dsx^-
ix^-
$dsx^D/\ dsx^-$

テイラー（Barbara J. Taylor，現・オレゴン州立大学）とともに，*fruitless* 遺伝子の機能が著しく損なわれた突然変異体の雄が，このローレンス筋を完全に欠いていることを発見した（図 4・3）．また，*fruitless* 遺伝子の働きが少し低下した程度の突然変異では，不完全で矮小なローレンス筋が生じるのであった．

　雄の同性愛表現型の信頼性に疑念をもつ研究者も，明確な形態異常の表現型が存在するとなれば，文句なくそれが実在の遺伝子に生じた変異であると認知するのである．しかも，その表現型の強度が，遺伝子機能の低下のレベルに相関して強まるという遺伝子活性依存性を示すとなれば，「まっとうな遺伝子」であることに疑いはない．また，行動とは違って形態的特徴は一頭の観察だけでもある程度評価が可能なので，*fruitless* 遺伝子の研究を進める上で，ローレンス筋の表現型は大変ありがたい指標となるのであった．*fruitless* 変異体の雄が雄に対して求愛する背景には脳の機能変化があると予想されるが，ローレンス筋の欠如という筋肉の異常も支配運動神経の異常に根ざす可能性が高いので，*fruitless* 遺伝子が機能する場が脳神経系であることは，明白である．

　テイラーは当時，UCSD のハリスの研究室に所属する Ph.D. コースの大学院生だった．ハリスはベンザー研を去った後ここで独立し，両生類の神経発生の研究に専念していたが，ショウジョウバエで実験したいというテイラーの希望をそのまま受入れて，彼女にはショウジョウバエの神経系の性差の研究をやらせていたのである．ゲイリーはハリスの研究室に出向いてテイラーとともに実験し，上記の画期的発見に至ったのであった．

　テイラーはさらに性分化の仕組みがローレンス筋の雄特異的形成にどのように関わっているのかを詳しく調べていった．キイロショウジョウバエの性決定機構の研究は，ブルース・ベイカー（Bruce S. Baker，UCSD．後にスタンフォード大学，現在はジャネリアファーム研究所）のグループによって精力的に進められ，その大筋が明らかにされている．

4.2 ショウジョウバエの性決定はスプライシングが決め手

4.2.1 性決定カスケード

キイロショウジョウバエの性が，X染色体の本数と常染色体数の比に依存することは，すでに述べた．この比の違いによって，ある一つの遺伝子が転写されるかされないかが決まり，それによって究極的にこの個体が雌として発生するか雄として発生するかが決まる．その遺伝子の名は *Sex lethal* (*Sxl*) という（図4・4）[4-12].

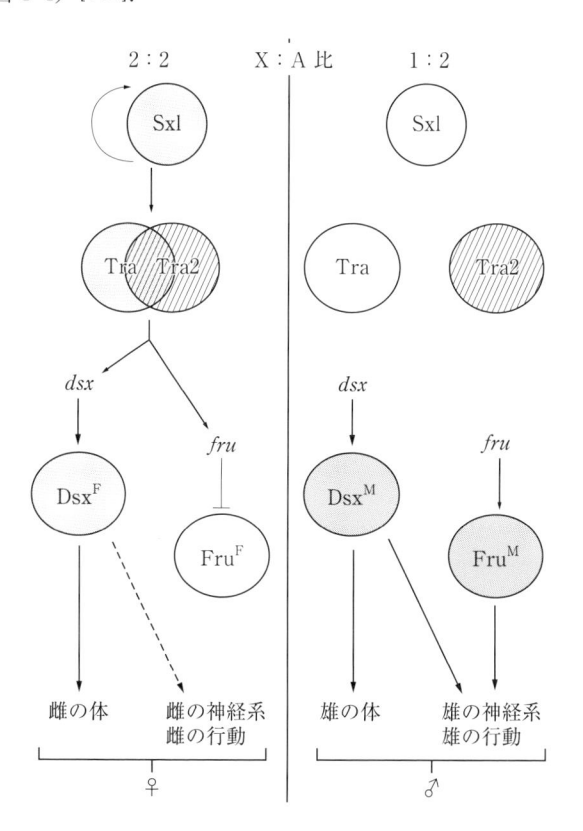

図4・4 性決定カスケード
　　常染色体 (A) の種数に対するX染色体の本数の比 (X：A) が性決定の最初のシグナルとなる．白抜きの部分は機能的タンパク質の欠如を示す（引用文献 [4-12] の Fig. 2).

Sxl 遺伝子が転写され Sxl タンパク質がつくられると，その個体は雌化の第一ステップに向かう．Sxl タンパク質がつくられない個体は雄化を運命付けられる．*Sxl* 遺伝子の転写が開始されるためには，この遺伝子のプロモーター（初期プロモーター）に特定の転写調節因子の複合体が結合しなければならない．この複合体の成分となる転写調節因子のあるものは X 染色体上の遺伝子によってコードされており，またあるものは常染色体の遺伝子によってコードされている．

　X 染色体が 1 本しかない場合，この染色体に由来する転写調節因子が不足し，複合体が転写開始に必要な量つくられないため，*Sxl* 遺伝子の転写が始まらず，雄への道をたどることになる．X 染色体が 2 本以上あれば，十分な量の複合体が形成されるため，*Sxl* 遺伝子の転写が起き，雌への運命をたどるのである．

4.2.2　スプライシングという遺伝情報の編集作業

　Sxl 遺伝子の mRNA から翻訳を経てつくられる Sxl タンパク質は，スプライシングという仕組みを制御する機能をもっている．ゲノムの遺伝子（DNA）から RNA に転写される際，まずは遺伝子の全長にわたって連続的にコピーがつくられる．しかし，真核生物の多くの遺伝子では，タンパク質のアミノ酸情報を担っている部分（翻訳領域）がいくつかの"無情報"の領域によって分断されているため，ただ連続的に写し取られたコピー（これを"前駆体 RNA"という）から正しいタンパク質をつくることができない．前駆体 RNA から，その"無情報"の部分を取り除かなければならないのである．このような前駆体 RNA の編集作業がスプライシングである．

　スプライシングによって"無情報"の部分が取り除かれて完成型となったものが mRNA である．こうして捨て去られる"無情報"の部分をイントロン，mRNA に組み入れられる部分をエクソンという．実際にはエクソンのすべてがタンパク質のアミノ酸配列についての情報を担っている領域からなるわけではなく，mRNA の頭（5′末端）としっぽ（3′末端）の部分は，この情

報をもたない．そこでこれらの部分は，5′ 非翻訳領域，3′ 非翻訳領域という．

　タンパク質のアミノ酸配列についての情報をもたないこうした部分やイントロンは往々にして転写や翻訳の調節のための情報をもっているので，実際のところ，決して無意味でも無情報でもないのである．スプライシングがきちんとなされないと，遺伝情報を正しく読み出すことは不可能になる．たとえば，三つずつ塩基配列を区切って暗号解読をするときに，区切る位置がずれてしまい，間違った情報を読み出してしまうことが起きる．

　スプライシングでイントロンを切り落とし，前後のエクソン同士をつなぐ働きをする多くのタンパク質が存在し，それがスプライシングを起こす正しい位置を認識してそこに集合することが，正確なスプライシングのための第一歩である．

4.2.3　性のスプライシング

　Sxl タンパク質はスプライシングの起きるはずの場所に結合して，この反応を抑える働きをする．実際に Sxl の結合する場所があるのはごく少数の遺伝子（標的遺伝子）の特定のイントロンだけである．上記の理由で Sxl タンパク質は性染色体構成が XX の個体でしかつくられないので，そうした個体では Sxl タンパク質の結合によって標的遺伝子の一部のエクソンが取り除かれた mRNA ができる．XY 個体では Sxl タンパク質がないために，標的遺伝子の mRNA はすべてのエクソンを含んだものとなる．こうして標的遺伝子からは，その個体の性染色体構成が XX であるか XY であるかによって，異なる mRNA がつくられることになる．これが，ショウジョウバエの性分化の始めの一歩なのである．

4.2.4　雌が当たりで雄ははずれ

　Sxl タンパク質の標的遺伝子としてまず挙げなければならないのは，*Sxl* 遺伝子それ自身である（図 4·5）．Sxl タンパク質の存在する XX 個体では第 3 エクソンがスキップされた mRNA がつくられ，Sxl タンパク質の存在しな

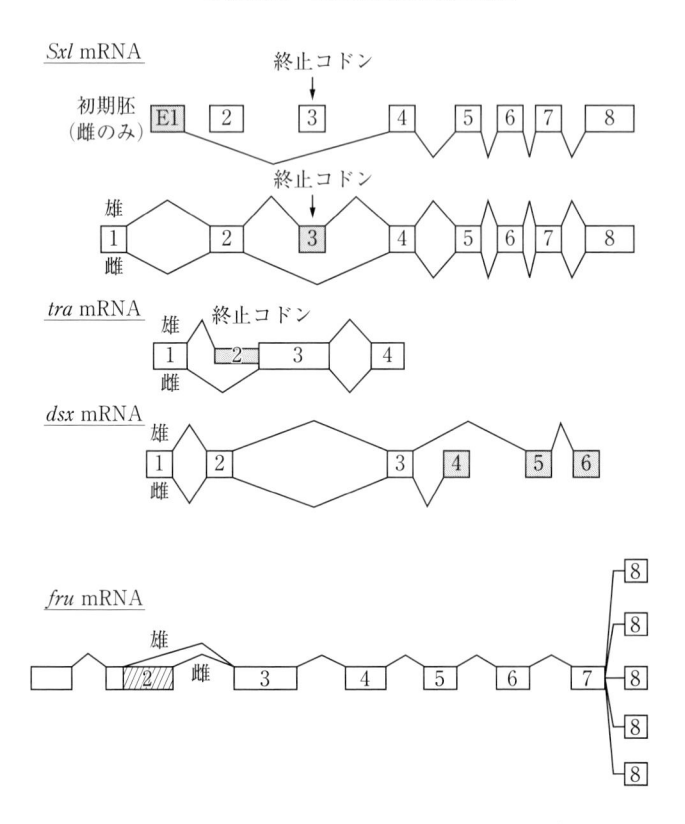

図4・5 性決定遺伝子 mRNA 前駆体に生ずる性特異的スプライシング
グレーの部分が性特異的なエクソン部分.

い XY 個体（雄）では第3エクソンを含むすべてのエクソンを含む mRNA ができる．この第3エクソンにはタンパク質への翻訳を終わらせる終止コドンが含まれている．その結果，第3エクソンを含む XY 個体の mRNA からは，途中で翻訳が止まってしまった不完全なタンパク質しかできず，スプライシングの抑制は起きない．これに対して XX 個体（雌）では常に第3エクソンがスキップされてスプライシングが抑制され，機能をもった Sxl タンパク質がつくられ続ける.

　実は Sxl 遺伝子が XX 個体でのみ転写されるのは初期の胚に限られていて，

その後はXX個体でもXY個体でも，別の仕組みが起動するため転写が起こるようになる．そのため，発生が進んだ段階では，転写の有無ではなくスプライシングのされ方（第3エクソンがスキップされるか否か）が，Sxlタンパク質の機能の有無を左右することになる．

4.2.5 性転換作用で見つかった遺伝子 *transformer*

Sxlタンパク質の標的として次に挙げなければならないのが，*transformer* (*tra*) 遺伝子である．*tra* はすでに性モザイク個体の説明で登場した雌化遺伝子である．*tra* 遺伝子の前駆体RNAにSxlタンパク質が結合すると，上記と同じ原理が働き，XX個体とXY個体とで，異なるスプライシングが起きる（図4・5）．その結果，機能をもったTraタンパク質がXX個体に生じ，XY個体にはつくられない．

こうしてTraタンパク質をつくった細胞はやがて雌の特徴を示すようになり，Traタンパク質をつくらない細胞は雄の特徴を示すようになる．*tra* 遺伝子が失活した *tra* 変異体では，雌として発生するはずのXX個体が，あらゆる面で完璧な雄の形質を示す．一方，*tra* 変異体の雄は普通の雄とまったく変わらない．雄では本来 *tra* 遺伝子から機能的な産物がつくられないことを考えれば，これは当然のことである．

興味深いことにTraタンパク質もやはりスプライシングをコントロールすることによって働く．しかしその働きはSxlとは逆に，自身が結合した標的配列の近傍でスプライシングが起こるようにするという促進的な作用である．また，Traタンパク質が働くためには，Tra2（大石陸生 発見の変異体によって同定されたもの）という補助因子が同時に標的部位に結合することが必要である．Tra2は雄にも雌にも存在するタンパク質であり，またヒトにも相同分子が知られている．

4.2.6 Doublesexが体の性のスイッチを入れる

TraおよびTra2タンパク質の結合により性によって異なるスプライシン

グを受ける標的 RNA として古くから知られているのが，*doublesex*（*dsx*）とよばれる遺伝子の前駆体 RNA である（図 4・5）．*dsx* 遺伝子が失活した変異体は，性染色体構成が XX，XY いずれの個体も異常となり，内外生殖器や外観は雌と雄の中間的な形質を示す．

これは，*Sxl* や *tra* 遺伝子とは違って，*dsx* 遺伝子からは XX，XY どちらの個体においてもタンパク質がつくられることに対応している．ただし，XX 個体では Tra および Tra2 タンパク質が *dsx* 前駆体 RNA に結合するため，XY 個体とは違った部位でスプライシングが起こり，結局は雌雄で C 末端部分の異なる Dsx タンパク質が生じる．

Dsx タンパク質は，Sxl や Tra タンパク質とは違って RNA に結合するスプライシング調節因子ではなく，DNA に結合して相手の転写を活性化したり抑制したりする転写調節因子として機能する．XX 個体でつくられる Dsx^F タンパク質，XY 個体でつくられる Dsx^M タンパク質は，互いに異なる標的遺伝子群に異なる働きをすることで，それぞれ雌の形質，雄の形質を生み出すのである．

4.2.7　Doublesex で性のすべてを説明することはできない

Sxl，*tra/tra2* そして *dsx* に至る信号の流れ，性決定カスケードは，あらゆる性徴の決定に関わる共通の機構であると長らく想像されていた．ところが，ローレンス筋の形成と性決定カスケードとの関係を調べたテイラーは，この常識に反する結果を手にすることになる．*Sxl* や *tra*，*tra2* 突然変異体の雌は性染色体構成が XX であるにもかかわらず，予想通りローレンス筋をもっていた．それに対して *dsx* 突然変異体の雌にはローレンス筋が形成されておらず，*dsx* 突然変異体の雄は野生型の雄同様にローレンス筋を保持していたのだ（図 4・3）．つまり他の多くの性徴とは違って，ローレンス筋の有無は *dsx* には依存しないということになる．それでも *tra* には依存するので，性決定カスケードは *tra* のすぐ下で枝分かれし，*dsx* を経由するルートと経由しないルートがある．そしてローレンス筋の形成は後者のルートによって媒介さ

れると考えられるであろう．

　テイラーは，*dsx* に依存しない経路で働く転写調節因子を想定し，それに対応する仮想の遺伝子 *ambisex*（"曖昧なる性"）を性決定カスケードに書き込んでその研究結果を 1992 年に発表した．この仮想遺伝子，*ambisex* の実体が *fru* である，という魅力的なシナリオがすでにこのとき彼女の頭の中に浮かんでいたに違いない．しかしその正否が決せられるまでには，なおも 4 年を要したのだった．

4.3　サトリ突然変異体によってもたらされた転機

4.3.1　行動遺伝学への私の第一歩

　1980 年代後半，私は三菱化成生命科学研究所でショウジョウバエの神経興奮に関わるイオンチャネルを研究していた．イオンチャネル遺伝子の突然変異体の神経系を取り出してニューロンを解離させ，初代培養したものを北里大学の鈴木信之が調整し，当時確立して間もないパッチクランプ法をその細胞に適用して，単一チャネルの活動を記録する生理学的実験を私が担当した．

　この頃，神経科学の分野は劇的な変貌期にあった．それまであまりにも巨大で複雑な分子であるため構造決定など夢のまた夢と思われていたイオンチャネルや神経伝達物質受容体の一次構造が，巧みな cDNA クローニングによって次々と明らかにされていくさなかにあったのである．その先頭を走っていたのが京都大学の沼　正作のグループであった．この急速な変化の中で，生理学者の居場所はなくなっていくように感じられた（これは間違った認識だったが）．そして，受容体やイオンチャネルといった "要素" の研究ではなく，より複雑で高次な神経機能の研究に向かうことによってのみ，活路が拓けると直感した．

　そして意識に去来するのは，学部生の頃に衝撃を受けたベンザーたちの行動異常突然変異体の分離についての研究だった．行動をがらりと変えてしま

う遺伝子が存在する事実，でもその実体に迫る道はない，という学部生当時に味わったフラストレーション．その生物学の技術的未熟さは1980年代には完全に払拭されていたのだ．体のつくりが異常になったショウジョウバエの突然変異体の研究から，ホメオティック遺伝子による形態形成というヒトにまで外挿できる原理の発見がなされ，複雑な生命現象への分子遺伝学のアプローチの有効性は明白と思われた．足りないのは，新しい技術をものにして新しい研究を始める自分自身の勇気，そしてそれを可能にしてくれる環境であった．

ところがその機会は，意外にすぐ，しかも「向こうから」やって来た．1986年に三菱化成生命科学研究所に着任した今堀和友第3代所長は，研究所の機構改革を断行し，室長や部長の指示による研究とは別に，研究提案が採択されれば誰でもPI（研究代表者）としてグループを組織し優先的な予算配分を受けることが可能なプロジェクト制を導入した．そこでその初回の募集に，行動の基盤となる神経回路の分子遺伝学的研究をテーマに応募し，採択された．まだ34歳だったが，独立のチーム，"プロジェクトファイブ"を編成して1988年には新しい研究にチャレンジする機会が与えられたのだった．

4.3.2　ショウジョウバエ学のABC

三菱化成生命科学研究所では，東京教育大学（筑波大学）の岡田益吉研究室出身の人たちがショウジョウバエの遺伝学を使って研究をしており，その一人の上田　龍（現・国立遺伝学研究所教授）から"ハエのすべて"を習った．また，緑膿菌の毒素であるコリシンを研究していた佐野弓子が分子生物学者としてプロジェクトファイブに加わった．さらに数名の研究員とポストドク，テクニシャンの参画を得て，プロジェクトファイブはゆっくりと走り出した．

いくつかの予備的試みの末，従来系統的な突然変異探索が行われていない性行動に着目して，変異体の誘発と分離を行うことにした．性行動異常変異体がとれなかったときの保険として，寿命や複眼形成異常の変異体も同時に

確保するというちゃっかり戦術で挑むことにした．ショウジョウバエの突然変異体を相手に原因遺伝子のクローニング，表現型解析，機能救済実験などを行うのは初めてだったため，複眼形成異常のような"目に見える"形質を対象にして研究することは，自分たちをトレーニングする上で大いに役立った．

実際，こうした遺伝子についての研究が性行動の研究よりもはるかに先行して成果を生み，ポストドクとして参加した程 肇（現・金沢大学教授）による *pokkuri*（*yan*, *aop* の名でも知られる）遺伝子クローニングの論文，宮本裕史（現・近畿大学准教授）による *canoe* 遺伝子クローニングの論文をそれぞれ米国科学アカデミー会報（PNAS, 1992 年），Genes & Development（1995年）に発表した [4-15, 4-16]．

4.3.3 性行動異常突然変異体をとる

性行動異常の突然変異体は，P 因子挿入系統約 2000 について，ただひたすら性行動を観察し，求愛歌を記録するという単純作業のくり返しを通じて分離された．とは言うものの，性行動が強く障害されれば不妊になるだろうという予想に基づいて，上田らによってすでに別の目的で区分けされていた不妊の P 因子系統を先に観察したところ，あっという間に 6 系統の性行動異常変異体が見つかって来た．不妊でも致死でもない系統のスクリーニングから得られたのは，たったの 1 系統だった．そしてその後独立に得られた 1 変異系統を加え，以下の 8 系統の性行動異常突然変異体を得ることができた．

satori 突然変異体の雄は，雌に対してほとんどまったく求愛せず，したがって交尾もしないことから，「悟り」の名を与えた．*croaker*（ガアガアいう奴，の意）の雄はラブソングの"こぶし"が廻り過ぎて雌にモテなくなってしまう．*platonic* の雄はしきりに雌にラブソングを歌って口説きはするが，まず交尾はしない．プラトニックラブに徹している変異体である．*fickle* の雄は交尾の持続時間が異常である．野生型の場合，交尾持続の平均時間は 19 分で，長短はあるにせよ数分の範囲内である．ところが *fickle* の雄は，時とし

て1分も続かず，かと思えば50分にもわたって交尾していたりする．また，野生型のペアでは交尾後雌が拒否行動をとるため，反復的な交尾は見られない．それに対して fickle 変異体では，最高記録で1時間に7回も交尾をくり返す者が出現した．あるときには熱く，またあるときには極端にクールな愛人を fickle lover ということから，この名を与えた．また，上田によってヒゲ（実際は嗅覚と機械感覚の受容器である触角）が脱色して白くなる変異体として okina の名が与えられていた変異体が同様の交尾異常を示すことがわかった．lingerer 突然変異体の雄は交尾後，交尾器を外せなくなって，ときにはそのまま死に至るという表現型を示す．一方雌の側に異常の現れる変異体として，spinster（「結婚しない女」の意）と chaste（「純潔な」の意）の2系統を分離した．いずれも極度の雄嫌いで，雄がやってくると徹底的に拒絶するため不妊となる（図4・6）．

4.3.4 satori が世に出たきっかけ

これらのうち，最も極端な表現型を示す spinster と satori を手始めに解析を始めた．satori は雌に求愛しないということでその名がついたのだったが，その後の実験で，ある条件のもとでは典型的な雄の求愛行動を示すことがわかった．求愛の対象として雌ではなく雄をあてがうと，その雄に向かって

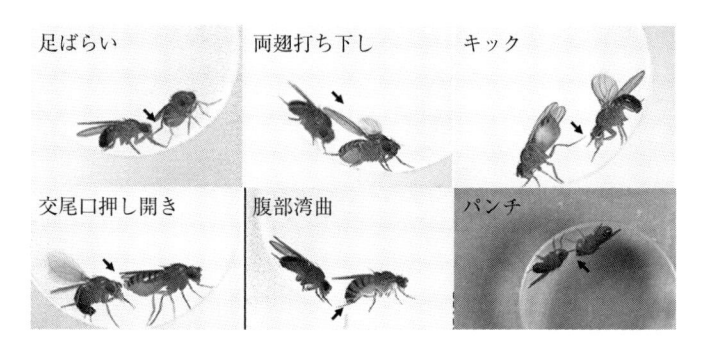

図4・6 spinster 突然変異体雌が雄に対して示すさまざまな拒否行動
(Nakano, Y. et al., 2001, Mol. Cell. Biol. **21**, 3775-3788 [4-17], Fig. 1)

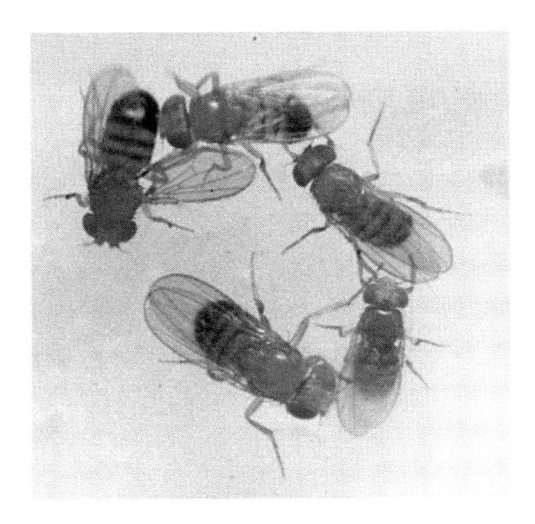

4.3 サトリ突然変異体によってもたらされた転機

図 4・7 *fru*^{sat} 変異体雄が互いに求愛して輪をつくったところ
（小川もりと撮影 [4-18]）

satori の雄は求愛を行うのである（図 4・7）。つまり，性的動因をなくしてしまったのではなく，性指向が異性から同性に転換した同性愛突然変異体であったのである．

このことを 1990 年に開催された三菱化成生命科学研究所の開設 20 周年記念シンポジウムで話したところ，会場にいた科学朝日の記者の関心を引き，それは記事となって世に出た．*satori* に関する原著論文の発表に先行すること 6 年，その存在が世間に知られるところとなった．

4.3.5 *satori* は *fruitless* のアリルだった

同性愛表現型を *satori* が示すことに気がつくと同時に，*fruitless* との関係が一体どうなっているのだろうと，意識はすぐにそこへ飛んだ．すでにホールからもらってあった *fru*^{1} 変異体と *satori* とを掛け合わせ，*fru*^{1}/*satori* トランスヘテロ接合体の雄を得てその性行動を観察してみると，この雄は雌ばかりか雄に対しても求愛を示し，この点で *satori* が *fru* の表現型を相補しない

という結果が得られた．

さらに，*satori* 突然変異の原因となっている P 因子挿入点を唾腺染色体上にマップしてみると，その点は第 3 染色体 91B，つまり *fru* 座と同じなのであった．こうして，*satori* が *fru* 座の新しいアリルである（*fru^{satori}*）ことがはっきりとしてきた．

そこでポストドクの清水-西川慶子が，*satori* 変異体の P 因子挿入を利用したプラスミドレスキューと続く染色体ウォーキングによって *fru* 座のクローニングを開始した．この作業は北海道大学からわれわれの研究室に参加した伊藤弘樹に引き継がれ，4 年以上の年月を費やして進められていった．この頃，生命研のプロジェクトファイブは終了を迎えたが，1994 年，幸いにも新技術事業団（現・科学技術振興機構，JST）ERATO の新規プロジェクトに採択され，国内最大級の研究組織として，研究を推進することが可能になった．『山元行動進化プロジェクト』の誕生である．

4.4　*fruitless* 遺伝子の正体

4.4.1　*fruitless* クローニングの熾烈な争い

話を *fru* 遺伝子に戻そう．これは後になってわかったことだが，*satori* 変異体の P 因子は 80kb もある *fru* 遺伝子の第 2 エクソンの真ん中に挿入されており，そのためどちらの方向にウォーキングを進めても，なかなかコード領域とおぼしき配列に行き当たらないのであった．闇の中をさすらう日々を経てなんとか cDNA が得られた頃，驚愕の事実が明らかになった．米国のホール，テイラー，ベイカーそれにスティーブン・ワッサーマン（Steven A. Wasserman）の 4 研究室が合同チームを組み，*fru* 遺伝子のクローニングを進めていることがわかったのである．

キイロショウジョウバエという一つの種で同一の遺伝子をクローニングしているとなると，絶対にこちらが先に論文発表に持ち込む必要がある．同じ内容の論文を後から出したのでは，その後ほとんど見向きもされないし，下

手をすれば論文として出すことすら断念せざるを得ない情況になるかもしれないからだ．その研究に携わって来たポストドクたちの努力は無に帰し，研究者としての将来すら奪われかねない．それでなくとも，欧米以外から発表された論文は軽視されがちであり，先取権の確保は譲れない．

4.4.2 科学論文の発表の前に立ちはだかる多くの困難

われわれの得た cDNA クローンには Tra タンパク質が結合するために必要な特徴を備えた配列が含まれていて，これは *ambisex* の名のもとに想定された未知の遺伝子－*fru* がその実体である可能性のある遺伝子－がもっていると期待される配列に他ならない．これこそ本命であると信じて，一気に解析を進めた．

論文の原稿は書き上げたが，最大の難関がその後に控えている．原稿を投稿して掲載に持ち込むところが，科学の世界では最も難しいのである．論文を編集局宛に投稿すると，編集者（多くは博士の学位保持者で，かつて現場で科学研究に携わった経験のある人たち）はその論文の内容を的確に判断できそうな匿名のレフェリーを 2～4 名選び，その原稿を審査してもらう．これをピアレビューという．そして，評価書の内容を吟味して最終決定を編集者が行う．

評価が悪ければ不採択，評価が高く，問題点が見当たらなければ採択となるが，問題点がない，という評価結果が出ることは滅多になく，最終的に採択されるにしても，たいていは 2, 3 回原稿が著者に戻されて追加実験と論文の書き直しをくり返した末，やっと採択に至るのである．トップクラスの雑誌では最終的な採択率は 1 割にも満たない．そうした一流紙では編集者がまず判断して，審査すら行わずに不採択の決定を下すのが常態化している．

ピアレビューによる審査システムの最大の問題は，その客観性である．投稿された論文の内容に一番精通しているのは，同じテーマで研究している別の研究者，つまり投稿者からすれば競争している相手ということになる．審査で得た情報を使ってみずから実験を行い，審査対象の論文は不採択にして

4.4.3　*fruitless* クローニング競争を制す

そうしたリスクを避けるために，われわれが選んだのが米国科学アカデミー会報（PNAS）であった．PNAS は通常の雑誌とは違い，アカデミー会員が編集者の役割を果たす．そのため，信頼できるアカデミー会員に編集の労をとってもらうことができれば，公平性を欠くレフェリーのもとに原稿が送られることは回避できる．染色体重複による進化の提唱者であり，X 染色体不活性化の発見者の一人でもあるアカデミー会員の大野 乾先生（故人）にご尽力いただいて 1996 年 9 月発行の PNAS [4-18] に，われわれの *fru* 遺伝子クローニングの論文は掲載となった．

米国チームの論文が突然出るのではないかと，毎日ヒヤヒヤして過ごしていたが，蓋を開けてみると，彼らはその時点でまだ論文の投稿すらしていなかったのである．こちらの論文に驚いた米国チームは間髪を入れずに自分たちの論文を Cell 誌に送り，驚くべきスピードで審査を終えたその論文は同年 12 月に発表されている [4-19]．

4.4.4　*fruitless* は Tra の標的遺伝子で転写因子をコードする

fru 遺伝子の重要な特徴の一つは，上に述べたように Tra タンパク質の結合標的配列をもっていることである．この事実から，*fru* は *tra* の直接の下流に位置すること，つまり，性決定カスケードの中で *ambisex* という仮想遺伝子が占める位置にあることがわかる（図 4・4）．つまり，*ambisex* の実体が *fru* なのである．

また，コード領域のアミノ酸配列を見ると，N 末端部に BTB ドメインという名の二量体形成に働く領域，C 末端に Zn-finger とよばれる有名な DNA 結合モチーフが存在している．このことから，Fru タンパク質は二量体をつくって DNA に結合するタンパク質であると考えられ，その機能は結合した相手の遺伝子の転写をオン・オフする転写調節因子であろうと推察された（図

4.4 *fruitless* 遺伝子の正体

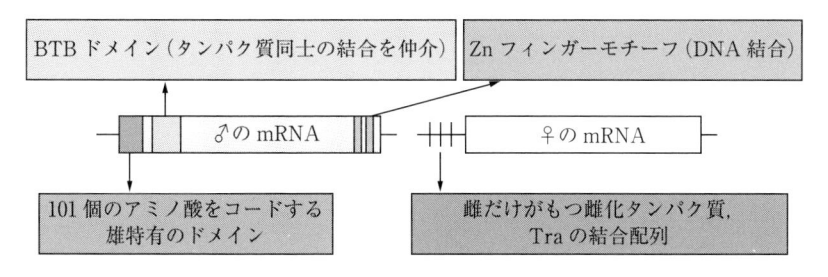

図4・8 *fru* 遺伝子に生ずるスプライシングの様式と Fru タンパク質のドメイン構造

[図中のラベル]
- BTB ドメイン（タンパク質同士の結合を仲介）
- Zn フィンガーモチーフ（DNA 結合）
- ♂の mRNA
- ♀の mRNA
- 101 個のアミノ酸をコードする雄特有のドメイン
- 雌だけがもつ雌化タンパク質, Tra の結合配列

4・8)．その意味でも性決定カスケードの中で，Dsx と並列の位置にある同格の遺伝子‑タンパク質であると言える．こうして，同性愛行動を示す突然変異体を出発点とした研究によって，新しい性決定因子の発見がもたらされたのである．

では，Fru タンパク質は性決定のどのような部分を担っているのだろうか．ローレンス筋の形成が運動ニューロンの性に依存して起こることや，*satori* 変異体が性指向性の変化を示すことから，Fru タンパク質はニューロンの性の決定にあずかることが予想される．それに対して Dsx タンパク質は，生殖系や外部性徴などの性決定に関わることがわかっている．そこから，「脳（心）の性」は Fru が決め，「体の性」は Dsx が決める，というわかりやすい図式が生まれてきた．その妥当性を検討するにあたり，まずは Fru＝脳神経系の性決定因子というところから，見ていこう．

4.4.5 雄特異的な翻訳

常法に従ってインサイツハイブリダイゼーションによって *fru* 遺伝子から転写される mRNA の所在を調べると，予想通り，脳神経系の一部の細胞に発現していた．その様子には性差は見られない（図4・9）．次に抗体を用いて Fru タンパク質の局在を調べてみる．雄では神経系に約 2000 個の細胞核が染まる．核に局在することは，転写調節因子として Fru タンパク質が働くことを支持するものと言える．次に雌の神経系を同様に調べてみた．と，

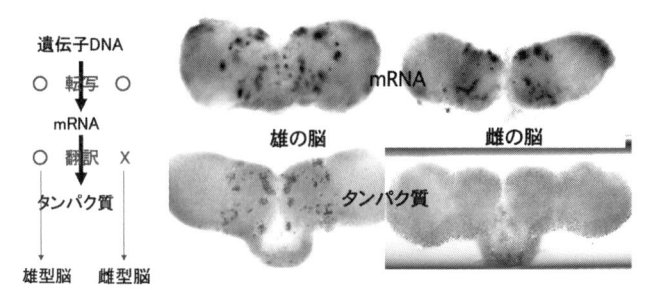

図4·9 *fru* 遺伝子の mRNA とタンパク質の蛹の脳での発現
mRNA は雌雄とも脳の一部に発現しているが，タンパク質は雄にしかない（引用文献 [4-20] を改変）．

驚いたことに何も染まってこないのである（図4·9）．神経系を見る限り，Fru タンパク質は雄にだけあって雌にはないということである．*fru* 遺伝子の mRNA は雄でも雌でも転写されているのに，そこからタンパク質が翻訳されるのは雄だけ，ということになる（図4·9）[4-20]．同様の結果は，ホールの研究室からも報告された [4-21]．

4.4.6　二役を演じる Tra タンパク質

この奇妙な現象は，性染色体構成が XX の個体だけがもつ Tra タンパク質の作用によって引き起こされる．Tra タンパク質は *fru* 前駆体 RNA に結合して，その近くでスプライシングを引き起こすことはすでに述べた．このスプライシングによって切り落とされるのは Tra 結合部位を通り越したところからなので，完成した雌の mRNA にも，Tra 結合部位は温存されている．そのため，Tra タンパク質は mRNA のこの部位に再び結合する．そして今度は，mRNA からタンパク質が翻訳されるのを妨げるのである．雄の mRNA からは Tra 結合部位もろともその前後がとっくに切り落とされている上，Tra タンパク質も存在しないから，Fru タンパク質の翻訳を邪魔するものは何もない．こうして，Fru タンパク質は雄にだけ生じることとなる [4-20]．

この結果から一つの仮説が浮かんでくる．Fru タンパク質がつくられると

そのニューロンは雄の性質をもつようになり，Fru タンパク質がつくられなければ雌の性質をもつようになる，という仮説である．雄の性質をもつニューロンがつくられれば，それがつくる神経ネットワークは雄の性行動を生み出し，雌の性質をもつニューロンからなるネットワークは雌の行動を生み出すだろう．

4.4.7　fruitless 遺伝子を使って神経を性転換する

　この仮説を検証するため，私たちは fru^+ をショウジョウバエに人工的に発現させる実験を企てた．高温で転写を始めるヒートショック プロモーターに fru のコード領域を含む cDNA をつないだ $hs\text{-}fru^+$ 人工遺伝子や，GAL4 の存在下で転写される $UAS\text{-}fru^+$ 人工遺伝子は，Tra の結合部位をもたないので雄でも雌でも転写され，その mRNA からタンパク質の翻訳が起こる．こうした人工遺伝子を発現する形質転換体では，本来 Fru タンパク質をもたないはずの雌もこのタンパク質が生じる．そうした雌では，一体何が起こるだろうか．ある種の「性転換」が起こるのか否か．

　性行動の変化をうまくとらえることはできなかったが，雄特異的なローレンス筋の形成については，非常にはっきりした答えが得られた．雌の神経系に Fru タンパク質を人工的にもたせると，本来ないはずのローレンス筋が雌にも確実に形成されたのである（図 4・10）．ローレンス筋の形成が，神経（運動ニューロン）の性に依存し，そのニューロンの性を決定しているのが fru である，ということを決定的に示す実験となった．

　人工遺伝子から fru^+ を強制的に発現させることで，雌に雄の性行動をなんとかとらせることはできないかいろいろと試してみたが，いい結果を得ることができずに時間は経過していった．おそらく，何種類もある Fru タンパク質のアイソフォームが，正しい組合せで正しい量，正しいところに正しい時期につくられることが大切で，人工遺伝子を使った強制発現の実験では，このデリケートなバランスを実現することができないので，うまくいかなかったのだろう．

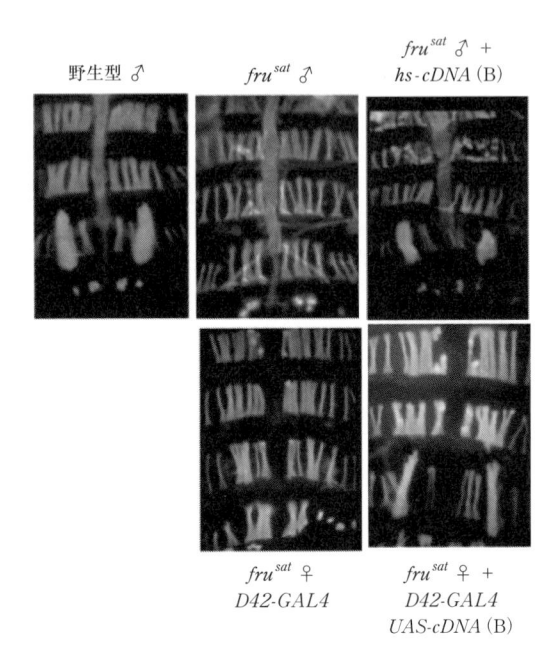

102　　4. *fruitless* —同性愛突然変異体の登場

野生型 ♂　　*fru*^{sat} ♂　　*fru*^{sat} ♂ +
　　　　　　　　　　　　hs-cDNA（B）

fru^{sat} ♀　　*fru*^{sat} ♀ +
D42-GAL4　　*D42-GAL4*
　　　　　　UAS-cDNA（B）

図 4・10　*fru* 正常型導入遺伝子の強制発現によるローレンス筋の誘導
高温に反応して転写を開始させるヒートショックプロモーターに *fru* 正常型 cDNA をつないだ導入遺伝子（*hs-cDNA*）を *fru*^{sat} 変異体雄に強制発現させると，ローレンス筋が回復する．また，全運動ニューロンに GAL4 を発現する *D42-GAL4* を使って *UAS-cDNA* を雌に強制発現させると，雌にローレンス筋が形成される．いくつもある Fru タンパク質のうち，B タイプ（B）を発現させた（引用文献 [4-20] を改変）．

4.4.8　ディクソン，*fruitless* 遺伝子操作で雌に雄の行動をさせることに成功

そうこうしているうちに 5 年近くが経過した．いつものようにメールのチェックをしていると，雑誌 Science の記者からコメントを依頼するメールが入っていた．オーストリアのバリー・ディクソン（Barry J. Dickson）たちによる *fru* 関連の論文が一週間後に 2 連報で雑誌 Cell に掲載される，ついてはお前の意見を聞きたい，というのである．

ディクソンは，視覚系の感覚ニューロンが中枢へと投射する際に，正確に相手を選んで軸索が伸び結合する，その分子機構を研究していたはずで，*fru* の研究に手を染めていたというのは聞いたこともない．まったくの寝耳に水である．一体何をやったんだろうか．不安が広がる．すぐにコメントOK の返事を出し，発表前のディクソンたちの論文 PDF の到着をかたずを飲んで待った．

まもなくして届けられた PDF を開く操作もまどろっこしい．慌てて読んでみる．血の気が引いていく．なんと彼らは，*fru* の操作によって雌に雄の性行動をとらせることに成功していたのだ．その操作とは，外から人工遺伝子をゲノムのランダムな場所にはめ込むという普通の形質転換ではなく，ゲノム上の *fru* 遺伝子座の一部を，人工的に改作した配列と置き換えるという，いわゆる相同組換えによる遺伝子ノックインの手法であった（図 4・11）．これによって，Tra 結合配列を取り除いてしまう．すると，雌でも機能的な雄型の mRNA がつくられ，そこからタンパク質の翻訳がなされる．しかも，mRNA のつくられる種類，時期，場所などは，もともとのゲノムの *fru* 遺伝子と同じであると期待できる．このいつでも雄型のスプライシングが起きるようになった系統は *fruM* と命名された [4-22, 4-23]．

4.4.9 *fruitless* 遺伝子の操作だけで行動を完全に性転換することはできない

この相同組換えによる遺伝子操作は，ショウジョウバエでは数年前にケント・ゴリック（Kent G. Golic）たち [4-24] により確立されており，やろうと思えば自分たちでもできたことなのに，なぜやらなかったのだろう，と私は自分の頭を何度もたたいたのであった．

こうして "Fru タンパク質を雌にもたせればその行動は雄化する" という仮説は，ディクソンたちの劇的な結果によって支持されることとなった．そのすぐ後に，ベイカーのグループも，雌に雄の行動をとらせることには辛うじて "成功" した [4-25]．

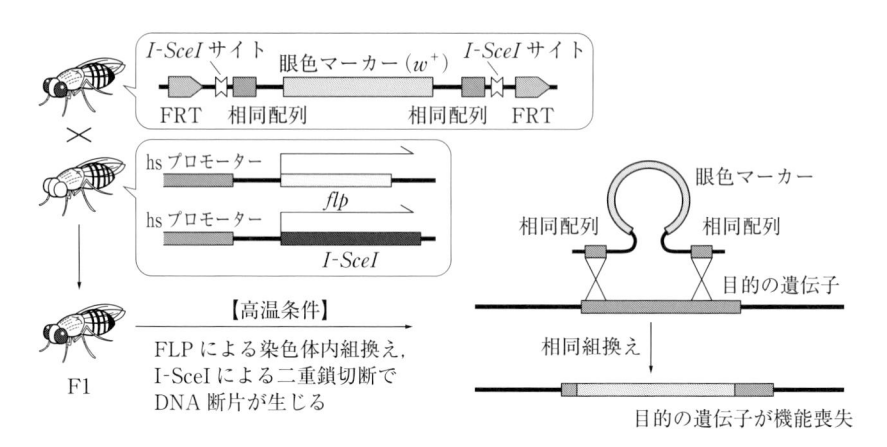

図 4・11　相同組換えを用いた遺伝子ターゲッティング
(右の図)ゲノム上の狙った遺伝子(ターゲット)に無関係の配列を挟み込んでそれを失活させたり,その遺伝子に代えて別の遺伝子(仮にここではダミーとよぶ)をすり替えて発現させる.DNA は相補性のある部分で対合するので,入れ替えたい配列の両端にターゲットと相同な配列(相同配列)を付加してそこでターゲットとダミーとを対合させ,中央部をダミーに入れ替える.(左の図)ダミーの配列をハエに持ち込むためのベクター(ドナー)の構造を最上段に示す.この例では眼色遺伝子 w^+ をダミーとする.対合が相同染色体(ここでは相同配列をもった外来配列)に生じた損傷(DNAのらせんの両方が切れた二重鎖切断)を修復するために起こることを利用するため,わざと切断の生じるサイト(I-SceI サイト)をダミーの相同配列の外側に入れておく.ドナーのベクターは通常の形質転換によって染色体のランダムな位置に挿入される.その挿入位置に関わりなく対合が起きるように,ドナーを環状 DNA として染色体から切り出すための FRT サイトをさらに外側に付加する.FRT に働いて切り出しを誘導する酵素,フリッパーゼは熱ショックによって発現させるため hs-flp の形で別のハエにもたせる.このハエには同時に切断酵素 I-SceI の遺伝子(hs-I-SceI)ももたせる.ドナーをもつハエと二つの酵素遺伝子をもつハエとを交配し,その子世代で眼色が w^+ のものを回収して,さらにその中から相同組換えが生じたものを選別する [4-26].

　ディクソンたちの報告を受けて,世界の各地で fruM 系統の雌を用いて性行動の観察が行われた.確かに fruM のホモ接合体の雌は,ある程度雄型の求愛行動をする.しかしその求愛は論文から期待されるような強いものではなく,雄が示す求愛には遠く及ばないのであった.
　ディクソンのグループもベイカーのグループも,ともに行動の性転換が fru というたった一つの遺伝子の操作で可能であるとして,fru は雄の性行動

を引き起こす上で必要十分なマスターコントロール遺伝子である，との論陣を張った．そうだとすると，行動の性差を生み出す脳の神経回路に性差があるはずである．そしてその神経回路の性差は *fru* を発現しているニューロンにこそ認められてしかるべきであろう．ところが両グループとも，*fru* 発現ニューロンには見たところこれといった性差は見いだせない，したがって性差はニューロンの構造ではなくその機能にあるのではないか，こう論じたのである．

5章
脳の性的二型の発見

　行動が雌雄で異なるのは，神経回路に性差があるからであろうが，そんな性差の実態はほとんど不明であった．Fruitless タンパク質の有無によって行動の性差が生じる以上，*fruitless* 発現ニューロンにこそ，何らかの性差があるはずだ．脳はおびただしい数のニューロンが枝を伸ばして絡まりあったジャングルである．どこかに性差があったとしても，簡単には見つからない．しかし，多数のニューロンのうち一個から数十個だけを標識することができれば話は別である．そんな夢のような手法が 1999 年に開発された．MARCM（Mosaic Analysis with a Repressible Cell Marker）とよばれるこの手法を使って *fruitless* 発現ニューロンを片っ端から標識して分類し，それらの脳内地図を作成した．そしてついに，Fruitless タンパク質の有無によって明白な性差をもつようになるニューロン集団を発見した．

5.1　脳の種分化をハワイのハエで探求

5.1.1　ニューロンの性的二型を求めて

　Science の記者からディクソンたちの論文 PDF が送られてきたとき，私たちはある論文原稿を Nature に投稿中で，すでに最初の審査コメントを受け取っていた．その論文の主題が，*fru* 発現ニューロンに見られる性的二型であった．私たちはすでにこの問題の解明に 10 年以上を費やしていた．この仕事を共同研究者として牽引してきたのは，北海道教育大学教授の木村賢一

である．

　実はショウジョウバエの脳に明確な性差があることを，われわれはすでに 2003 年に論文発表していた [3-10]．1994 年にスタートした山元行動進化プロジェクトの目標の一つは，行動の変化がきっかけになって種分化が起こるとき，どのような遺伝子の変化が実際に起こり，行動を変化させ，そして変異が集団中に固定されたのか，という点を明らかにすることであった．つまり，行動の多様性を生んだ遺伝子と脳の仕組みの解明である．多様性を知るには多様な生物を知る必要がある．キイロショウジョウバエだけを研究していても，この問題には十分こたえることができないかもしれない．そこで目をつけたのが，ハワイ諸島のショウジョウバエだった．

　世界全体で 2500 種程度のショウジョウバエ（広義の *Drosophila* 属）がいるとされ，そのうちの実に 1000 種近くが，あの小さなハワイ諸島に生息している．しかもその多くが，ハワイ諸島以外にはどこにもいない固有種（endemic species）である．なぜかハワイ産ショウジョウバエは，キイロショウジョウバエなどと比べて格段に大型で，「これがショウジョウバエ？」とだれもがびっくりする不思議なハエである．

　もともと鳥を研究するつもりでハワイにわたったハンプ・カーソン（Hampton L. Carson）は，ハワイ産ショウジョウバエの多様性を目の当たりにして，たちまちその虜になった．彼は，100 種以上のハワイ産ショウジョウバエについて唾腺染色体バンドを観察した結果，染色体の逆位や転座を 1 回から数回想定するだけで，全種の染色体のパターンが説明可能であるとの結論に到達した．その昔，交尾後の雌が一頭ハワイ諸島にたどりつき，そこから今日の多様なハワイ産ショウジョウバエが生み出されたというのである [5-1]．

5.1.2　ハワイはショウジョウバエのパラダイス

　ハワイ諸島は火山島で，その地史についてはアルゴン年代推定がなされている．当初は現在よりも北西寄り，カムチャツカ半島の先にあった島々がその起源と考えられる．北西寄りの島が沈下する一方で新たな火山活動が東南

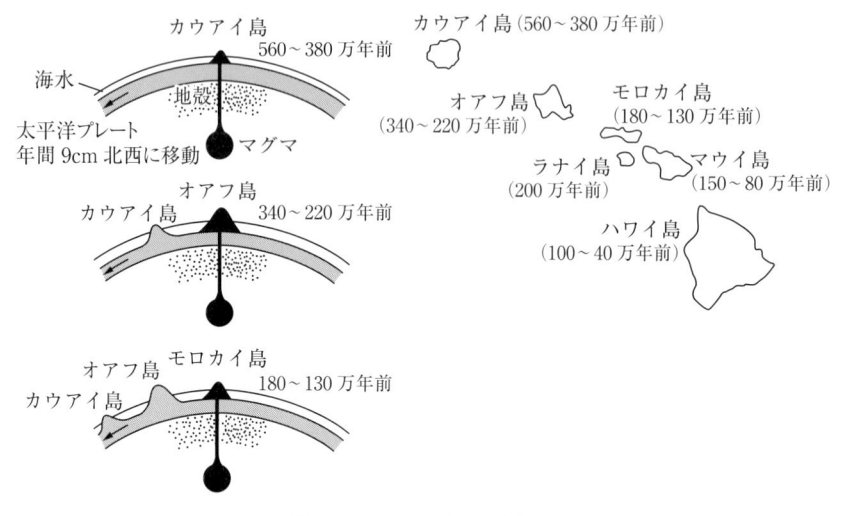

図5·1 ハワイ列島の地史
(引用文献 [5-2] を改変)

方向に起こり，やがて現在の姿となった．現存する島のうち最も地質年代の古いものが西端のカウアイ島で，300万年以上前にできたと推定されている．その次にできたのがホノルルを擁するオアフ島，続いてモロカイ，マウイ，ラナイの三つの島で，これらは最初一個の島だったが，三つに分裂した．この祖先島は180万年ほど前にできたとされる．そして一番新しいのが，南東端にあるハワイ島である．ハワイ島は80万年前にできたと考えられ，現在も海中では噴火活動が認められる（図5·1）[5-2]．

このように，島の歴史がはっきりとわかっているため，ショウジョウバエの種分化を島の地史と対応させて理解することが可能になる．いずれにせよ，ハワイ諸島は進化の尺度で見ればごく新しい島々であり，わずかな時間の間に爆発的な種分化を遂げた事例がここにある．

5.1.3 ハワイ固有種研究の拠点をつくる

このようにごく短い間での種分化であるにもかかわらず，ハワイ産ショウ

ジョウバエは種ごとに極端な形質の変化を示す．翅の紋様，脚や口部の形態，頭部の形態など，奇想天外といっても過言ではない特異化が起こっている．その多様化は形態にとどまらず，水中で幼虫期を過ごすものや，求愛行動の際に地面をたたいて音を出すもの，雌の前に躍り出て腹部を反転させ，尻から液滴を垂らすもの，繁殖のためだけにテリトリー（レック）をつくり，雄同士で頭突きをしてレックの場所を争うものなど，その行動，生態も奇抜なものが多々存在している（図5・2）．

　ハワイ固有種は飛翔力が弱く，その生息地はほんの数本の木に限定されていることも珍しくない．そのため，一つの島の数少ない場所にそれぞれの種が生息している．風に乗るなどしてごくまれに島から島に移住が起こり，その後，火山の溶岩流によってさらに細かく集団が分断されることで，多様なグループがつくりだされ，異なる種へと分化していったと考えられる．その多様化の背景にあるのが，多くてもわずか数回の染色体再編成であるならば，実際の進化史の中で特定の行動の変化をもたらした遺伝子をつきとめることが可能かも知れない，そう私は思った．しかも，縦横無尽に遺伝学的手法を活用できるキイロショウジョウバエと同属とあらば，この種で開発されたツールのいくつかは，ハワイ産ショウジョウバエにも適用できるかもしれない．

　そこで，1994年にERATO山元行動進化プロジェクトを開始するにあたり，その1グループをハワイに置いて，ハワイ産ショウジョウバエの行動と脳，遺伝子にアプローチしてみることを決断したのだった．

図5・2　雄がレックを形成して頭突きで争う
　　　　ハワイ固有種，*Drosophila heteroneura*
　　　　（近藤康弘提供）

公募採用したイギリス人とアメリカ人ポストドク，カーソンのテクニシャンをしていた日系ハワイアン二人，そして顧問にはハワイ産ショウジョウバエの分類学の第一人者のケン・カネシロ（Kenneth Y. Kaneshiro, 図5・3）の参加のもと，日本からは分子生物学者の中野芳朗，馬嶋 景，電気生理学者の近藤康弘を現地に派遣してハワイチームが発足した．

5.1.4 ハワイ産ショウジョウバエの脳には雄で肥大化した構造がある

近藤は東京農工大学で私の1年後輩であり，その後北海道大学で修業を積んで本田技術研究所のラボヘッドとなっていた．節足動物中枢のニューロンから電気活動の細胞内記録を行って回路の働きを分析することにかけては，右に出るもののない実力の持ち主であった．

彼は脳の触角葉に照準を合わせ，研究室に維持されていたいくつかのハワイ固有種はもとより，しばしば各島に採集に出向いて（時にはヘリコプターで発生地に乗り込んで）飼育不能な種を得て，40種近くの脳の構造を観察した [3-10]．すでに述べたように触角葉は糸球体という丸い神経叢が寄り集まってできている．当時，40数個とされていた糸球体が実は51個であることを，膨大な共焦点顕微鏡画像の3次元再構成によって確定した．その過程で，信じられないほど顕著な性差を触角葉糸球体に見いだしたのだ（図5・4）[3-10]．

adiastola 種群に属する *setosimentum* というハワイ島に生息する種では，糸球体のうち触角葉の外寄り背側にある特定の二つ，DA1とDL3が，雄

図5・3 マウイ島のジャングルでハワイ固有種を採集する Kenneth Kaneshiro（右）と著者（左）
（中野芳朗提供）

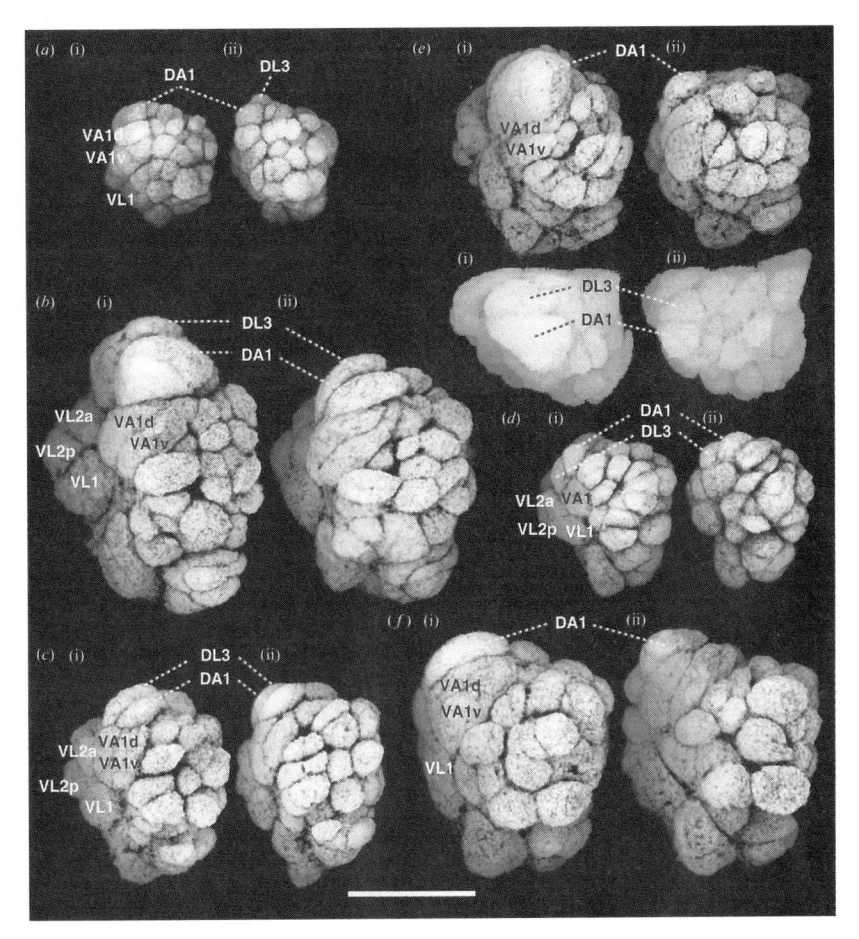

図5・4 ハワイ固有種間での触角葉の比較
一部の種で背外側のDA1とDL3糸球体が雄で肥大化している．(i) は雄，(ii) は雌の触角葉．(Kondoh, Y. *et al*., 2003, Evolution of sexual dimorphism in the olfactory brain of Hawaiian *Drosophila*. Proc. R. Soc. Lond. B, **270**, 1005-1013 [3-10], Fig. 2).

において雌の10倍も大きくなっていたのである．同様の性的二型は，他の種群でも見つかり，たとえば *antopocerus* 種群の *adunca* でも，DA1とDL3が雄で巨大化している．注目されるのは，系統樹の上で *adiastola* 亜群と *antopocerus* 種群の間に生じている modified mouth part 種群では，まったく

性差が見られないことだ．つまり，同じ二つの糸球体に性的二型が生じているのに，それらは共通祖先から受け継いだ性質というのではなく，それぞれの種群で独立に形成されたと見られる（図 5・5）[3-10]．

5.1.5　脳の性差に種分化をとらえる

setosimentum はハワイ島に生まれたまだ歴史の浅い種である．そこで *adiastola* 亜群をより古い種へとたどりながら触角葉糸球体の構造を見ていく．すると，最も古いカウアイ島に産するこの亜群の祖先種に近いと考えられる *ornata* では，まったく性差が認められない．マウイ，モロカイの *hamifera* や *truncipenna* ではわずかに雄のほうが雌よりも大きく，*adiastola* や *cilifera* ではすでに明瞭な雄での肥大化が検出された．すなわち，*adiastola* 亜群の中でも古い種には性差がなく，およそ 180 万年前にマウイ―モロカイ島にて初めて性差が生じ，その後雄での糸球体肥大は定向的に強まっていったと考えられる．こうしたことから，DA1 や DL3 は性的二型を発達させる"素地"をもち，系統樹の別々の枝でくり返しこの性質を示すようになったと解釈される（図 5・6）[3-10]．

興味深いことに，これらの糸球体とおよそ同じ位置に，ゴキブリやスズメガで性差を示す糸球体の存在が知られていて，この雄で肥大化した巨大糸球体は性フェロモン情報の処理に特化した構造であることが示されている．そこで，ハワイ産ショウジョウバエの一部のグループに見られる DA1 や DL3 糸球体の雄での肥大化も，性フェロモンの受容と関係しているのではないかと考えたくなる．

5.1.6　モデル生物を使うことの利点

キイロショウジョウバエでは，わずか 10 日で次世代を得ることができる．これに対してハワイ産ショウジョウバエの多くの種は世代交代に数か月を要し，産卵数も少なく，産卵に特別な植物抽出物が必要であったり，蛹化場所として手頃なサイズの砂利を与えなければならないなど，同じ *Drosophila*

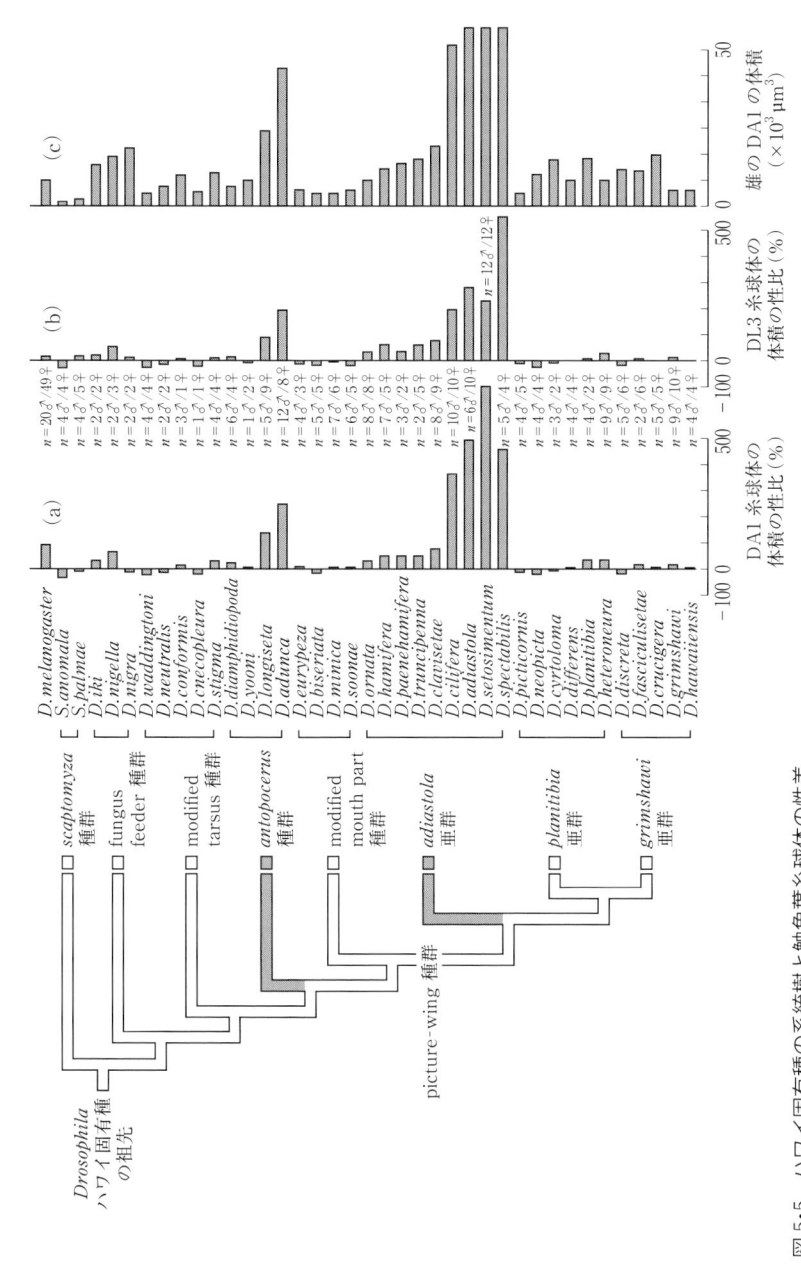

5.1 脳の種分化をハワイのハエで探求   113

図 5·5 ハワイ固有種の系統樹と触角糸球体の性差
(Kondoh, Y. et al., 2003, Proc. R. Soc. Lond. B, **270**, 1005-1013 [3-10], Fig. 3 に基づく)

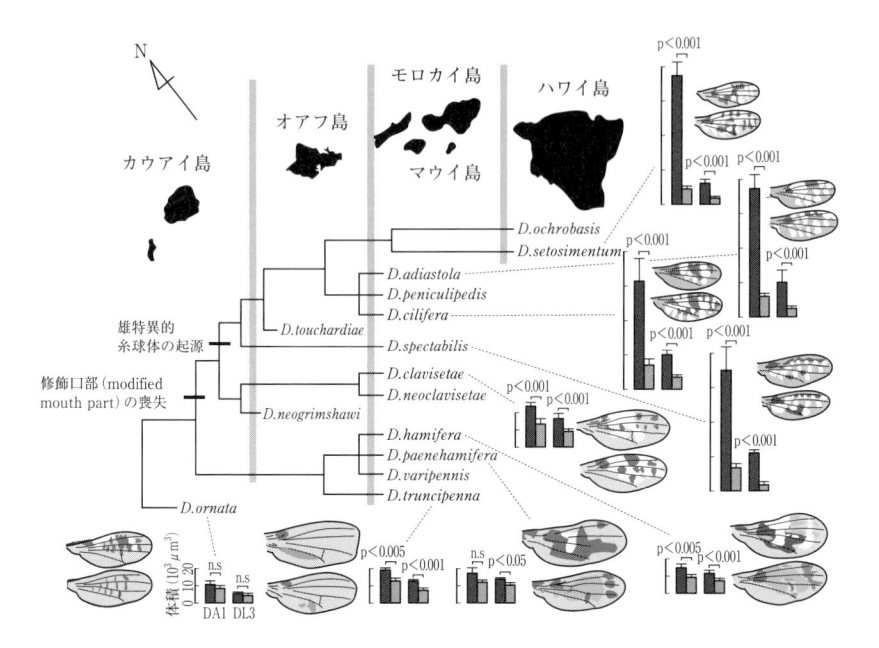

図 5・6 *adiastola* 亜群に見られる触角葉糸球体の性差と生息地
（近藤康弘原図）

といってもその気難しさは比較にならない．ハワイ産ショウジョウバエが現象面でいくら面白いといっても，その仕組みの実験的研究をするとなると，想像を絶する困難が待ち受けている．

　ハワイ産ショウジョウバエで見つかった興味深い問題に，キイロショウジョウバエを用いてアプローチできれば，それに越したことはない．糸球体の性差がキイロショウジョウバエにも存在しているだろうか．一部のハワイ産ショウジョウバエの種に見られる糸球体の性差はあまりにも極端で，それに目を奪われて思わず見落としてしまいそうになるが，キイロショウジョウバエにも統計的に有意な性差が，やはり背外側に位置する糸球体に認められるのである．たとえば DA1 糸球体について見ると，キイロショウジョウバエの雌では雄に比べてその大きさは 70% 程度である．

5.1.7　キイロショウジョウバエでも起こっていた嗅中枢の雄での肥大化

　近藤のこの発見を受けて，木村が「雄の糸球体が大きくなる仕組み」の研究に着手した．木村は北海道大学の久田光彦研究室で近藤の後輩にあたり，この辺は"あうんの呼吸"である．ついでに私が博士の学位をとったのも久田研究室なので，この仕事は北大久田研人脈で進めたわけである．

　触角葉糸球体には，触角の感覚毛に発する嗅感覚ニューロンの軸索が伸びて来て終末をつくっているので，これらの感覚ニューロンを含む上皮系の細胞に正常型 tra^+ 遺伝子を強制的に発現させ，性転換させる実験をしてみたのだ．tra^+ は雌化因子なので，その強制発現となれば雄から雌への性転換を狙うことになる．すると tra^+ 強制発現の操作をされた雄の DA1 糸球体のサイズは，雌と同じレベルまでに小さくなったのである．このことから，触角葉糸球体の性差は，tra を介する性決定カスケードの働きのもとにつくられる，と結論できる．キイロショウジョウバエの場合，DL3 には性差が見られなかったが，代わりに DA1 のすぐ下に位置する VA1v（= VA1m/l [5-3]）という糸球体が性的二型を示し，雄で大きくなっていた（図 5・7）[3-10]．

5.1.8　*fruitless* は脳の種分化の鍵となりうるか

　ハワイ産の一部の種の雄で起こった極端な糸球体の肥大化も，同じ仕組みに基づいていると推察できるだろう．*tra* そのものはほとんどすべての性徴の形成に必要な遺伝子なので，*tra* が変化するといろいろと困ったことが起きてしまうだろう．なので，糸球体の性的二型の種ごとの違いを生み出す直接の原因は，*tra* の下流で手下となって働く遺伝子が種間で違った働きをするようになったことにあるのではなかろうか．

　そこですぐに頭に浮かぶのが，*tra* の直接の標的で神経の性決定を担っている *fru* である．この可能性を想定しながらも，予備的実験ではかばかしい結果が得られなかったために，十分な検証を行うには至らなかった．触角葉糸球体の性差に関するこれらの実験は，ERATO 最終年度の 1999 年までにすべて終了していた．しかし，論文として発表されたのは 2003 年である．

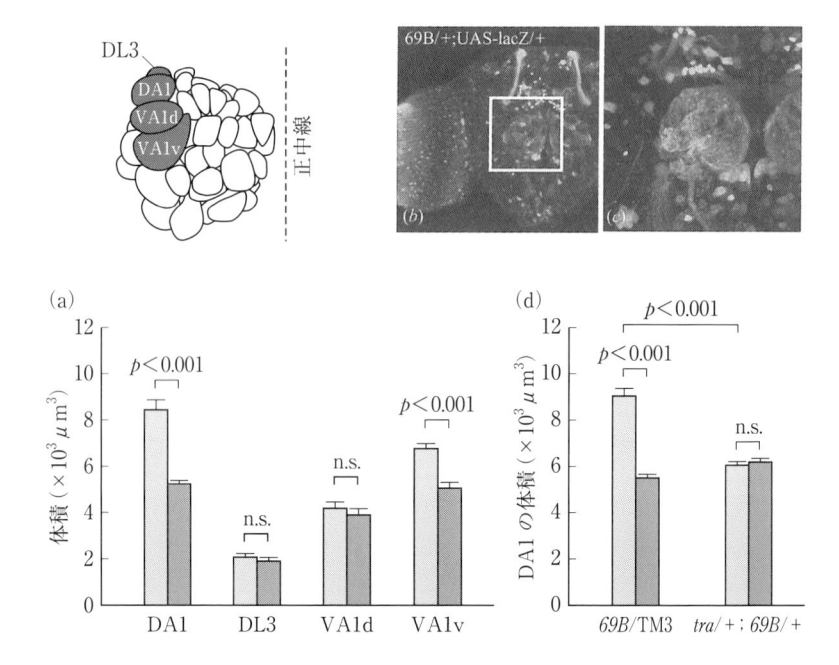

図5・7 キイロショウジョウバエの触角葉糸球体の性差と tra 依存性
(a) 四つの糸球体について体積を雌雄で比較した（左側：雄，右側：雌）．(b) tra^+ 強制発現に使用した 69B-GAL4 系統での脳内 GAL4 発現領域を lacZ で検出したもの．(c) は (b) の四角で囲った部分の拡大図．(d) tra^+ 強制発現で性差がなくなることを示す（Kondoh, Y. et al., 2003, Evolution of sexual dimorphism in the olfactory brain of Hawaiian Drosophila.Proc. R. Soc. Lond. B, **270**, 1005-1013 [3-10], Fig. 5）．

例によって，いくつものジャーナルに投稿しては不採択となるという試練を経て，その年，ようやくイギリスの王立科学アカデミー会報に掲載となったのである [3-10]．

5.2 同じフェロモン情報に雌雄は違った解釈を与える

5.2.1 触角葉の性差はフェロモン検知と対応している

2003年と言えば，ディクソンたちが密かに fru の研究を行っていたちょうどそのときである．彼らは fru 遺伝子座に GAL4 配列を挿入したノックイン

系統を作製した．こうすると，GAL4 配列は fru 遺伝子のプロモーター自身によって転写が引き起こされることになるため，その発現パターンは本来の fru 遺伝子のそれを忠実に反映したものとなってくれることが期待されるのである．しかし，自然とは複雑なものである．期待通りにいくとは限らない．

ともあれ，ディクソンたちはこのノックイン系統の樹立に成功し，GAL4 タンパク質をもつ細胞，つまり fru を発現していると期待される細胞をことごとく染め出してみた．すると，脳の中にたくさんの細胞が染め出されたが，触角葉では糸球体のうち，たった 3 個だけがきれいに標識されたのであった．DA1，VA1v（= VA1m/l）そしてその両者に挟まれて存在する VL2a [4-23, 5-3] の 3 糸球体である．最初の二つは，われわれが性的二型を見いだしたものとズバリ一致している．また，彼らによれば VL2a 糸球体もいくぶん雄で大きいという．

後日，ディクソンが私に話したところによると，この実験をしていたペトラ・ストッキンガー（Petra Stockinger）が，われわれの論文を見るなり興奮して「これよ，これ！」と，性的二型の糸球体が特異的に fru のマーカーで染まっていることをディクソンにおお慌てで知らせに来たそうである．性行動の「マスターコントロール遺伝子」，fru を発現する感覚ニューロンが，性的二型を示す三つの触角葉糸球体にだけ軸索を伸ばすという結果は，雄で見られる肥大化がフェロモン感知に関係しているのではないか，という"期待"をますます強めることとなった．

5.2.2　性フェロモンの実体

この予測にそってディクソンらはさらに実験を行っていった．キイロショウジョウバエの性行動に影響を与える主なフェロモンが，体表のクチクラをつくっている油脂の炭化水素であることはすでに述べた．たとえば雄が多くもち雌に催淫効果を発揮する炭化水素の代表格が 7-tricosene である．一方，ほぼ雌特異的に存在して雄を興奮させる作用をもつのが，7,11-heptacosadiene や 7,11-nonacosadiene であった．こうした炭化水素化

合物は常温では固体ないしは液体の状態にあり，それらを検知するには接触が必要である．つまり，接触化学感覚である．

われわれにとって身近な接触化学感覚と言えば，味覚がある．舌の味蕾にある味覚の感覚細胞が受容体をもっていて，ここに味物質が作用すると電気活動が引き起こされ，味覚神経に発生した活動電位が脳に伝わって味の知覚をもたらすのである．ショウジョウバエの体表炭化水素も，味覚の受容体に働いてその作用を発揮するものと考えられる．

5.2.3　注目を集める cis-vacceyl acetate

一方，発見された性的二型は触角葉の糸球体にある．触角葉に伸びる感覚ニューロンは，触角に存在する嗅覚の細胞であり，接触化学感覚とは違って気体の状態の分子を結合する受容体をもっている．われわれの鼻孔内にある嗅粘膜上の受容体に対応するものである．

キイロショウジョウバエの性行動に影響を及ぼす揮発性の分子として唯一素性がわかっているのは，1969年にF. バターワース（F. M. Butterworth）[5-4]が雄の副生殖腺から分離同定した cis-vaccenyl actate（cVA）である．cVAは雄に対して性行動を抑制する効果があり，交尾中に雄から雌に受け渡されて交尾後の雌の性的魅力を減退させることが，ジャロンら[5-5]によって1981年に明らかにされている．また，雄自体cVAを発散することで，他の雄から間違って求愛される事態を避けることができるという．つまり，cVAは雄の性行動を低下させる抑制性フェロモンと言える．

一方，雌にとってcVAは性的受容性（雄を受入れて交尾をする傾向）を高める作用のある興奮性フェロモンである．ディクソンらはこのcVAに狙いを定めた．

5.2.4　嗅受容体とフェロモン

まず，性的二型を示す触角葉に伸びる嗅受容ニューロンが，どの嗅受容体（OR）を発現する細胞なのかを彼らは特定した．すでに述べたように，ゲ

ノムの配列情報からキイロショウジョウバエのもつすべての Or 遺伝子がわかっている．その多くについては，推定される転写調節配列に GAL4 をつないだ Or-GAL4 人工遺伝子がつくられていて，それをもつ形質転換バエの入手が可能である．その各 Or-GAL4 で GAL4 が発現している場所がどこなのか，しらみつぶしに調べれば，自ずと性的二型糸球体へと伸びる嗅覚ニューロンがもつ受容体の正体が明らかになるであろう．

その結果，最も顕著な性差を示す DA1 糸球体に伸びているのが Or67d 嗅受容体遺伝子を発現する感覚ニューロンであることがわかった．Or67d 発現ニューロンから活動電位を記録しながら，そこに cVA を作用させると，活動電位の発射頻度は劇的に上昇した．Or67d 遺伝子が働かないようにしたノックアウト系統の同じニューロンは cVA に対する感受性を完全に失い，一方，正常型 Or67d 遺伝子を人工的に発現させると，ノックアウト系統の cVA 感受性が回復するのであった [5-6]．

5.2.5 フェロモンが興奮性か抑制性かは受け止める側の問題である

これらのノックアウト系統の性行動を調べてみると，雄が雄に求愛する傾向が高まっており，一方雌の性的受容性は低下していた．さらに，Or67d をノックアウトした系統に，カイコの雌を興奮させる性フェロモン，ボンビコールに対する受容体遺伝子 BmOR1 を人工的に発現させてみると，その雄はボンビコールを塗布された雌に対して求愛を控えるようになった．

つまり，ボンビコール受容体を Or67d 発現ニューロンに人工的に発現させることによって，元来 cVA が果たしている抑制性フェロモンの機能を，カイコのボンビコールに代行させることができるということである．

こうした一連の実験からディクソンらは，Or67d 発現嗅覚ニューロンが cVA のセンサーであり，cVA についての神経情報は触角葉の性的二型糸球体，DA1 によって処理され，性行動の制御に使われると結論した．

ちょうど同じ頃，各 Or 遺伝子を発現する嗅覚ニューロンがそれぞれどの触角葉糸球体に伸び，どの匂いの処理に関与するのかを系統的に研究してい

たジョン・カールソン（John R. Carlson）たちは，Or67d 以外に cVA を感じる嗅受容ニューロンが存在することを見いだしていた．それは Or65a 嗅覚受容体を発現する細胞で，DL3 糸球体に軸索を送っていた．こちらの情報経路は，既交尾の雌に求愛して振られた雄が，その後雌にあまり求愛しなくなるいわゆる求愛条件づけの中で，無条件刺激として働く cVA を検知するときに使われることが，江島亜樹（ブランダイス大学，現・京都大学）らによって明らかにされている [5-7]．

こうしてわれわれが発見したキイロショウジョウバエ脳触角葉糸球体の性的二型はたちまち追認されるとともに，驚くべき勢いでその機能的意味が解明されていった．しかしその一方で，*fru* 遺伝子を発現するニューロンにはこれといった性差が見当たらない，とディクソン [4-22, 4-23] もまたベイカー [4-25] も 2005 年の時点で論文に明記して憚らなかった．

5.2.6 交尾の成否を決めるのは雌

ところで，雄の求愛がハッピーエンドに終わるか否かは，実際のところ雌の胸先三寸で決まる．雌が拒否行動をとり続けると，雄は一般に交尾することができない．雌が雄を受入れる"程度"は，性的受容性の高低として評価される．野生型の雌の場合，羽化直後から 2.5 日ほどの間は性的受容性が非常に低く，雄の求愛に対して強い拒否行動をとって交尾することはまずない．しかし，3 日目には性的受容性が急上昇して，70 〜 100％の雌が交尾するようになる．その後，性的受容性は加齢とともにわずかずつ低下していく．

性的受容性のフォーカスは，内部組織のマーカーを用いてトンプキンスとホールによって性モザイク解析が行われ，脳の背側前方の一領域が両側雌であることが交尾の受入れに必要であることが示されたことはすでに紹介した通りである [3-7]．

5.2.7 交尾中に雄から雌に移される物質がその後の雌の行動を変化させる

また，交尾した雌はたちまち性的受容性を低下させ，少なくとも 24 時間

は交尾せず，多くの場合は一週間にわたって交尾を避けて産卵に励む．この性的受容性の低下を引き起こす一つの要因は，交尾した物理的刺激（精子の入った精包が雌の内部生殖器に入る）であるが，これは交尾後24時間程度しか続かない．交尾後の雌はより長期にわたって交尾拒否を続けるが，その原因は交尾中に精子とともに雄から膣に注入されたセックスペプチドという物質である．

セックスペプチド遺伝子を強制発現させると処女雌が長期にわたって交尾拒否を示すという，相垣敏郎（首都大学東京）による見事な実験によってこれは実証された [5-8].

セックスペプチドは7回膜貫通型のGタンパク質共役型受容体に結合して，その機能を実現する．雌の子宮と輸卵管に樹状突起を広げる感覚ニューロンのうち，6～8個が *ppk* というTrpファミリーのイオンチャネルの遺伝子と *fru* 遺伝子をともに発現しており，この細胞にセックスペプチド受容体も存在している．交尾によってセックスペプチドが雌の内部生殖器に入るとこの受容体に結合し，感覚ニューロンの興奮を抑制することで，雌の性的受容性を下げると考えられている．この *ppk-fru* 陽性ニューロンは食道下神経節にまで上行するとされるが，その接続先は未解明である（図5・8）[5-9, 5-10].

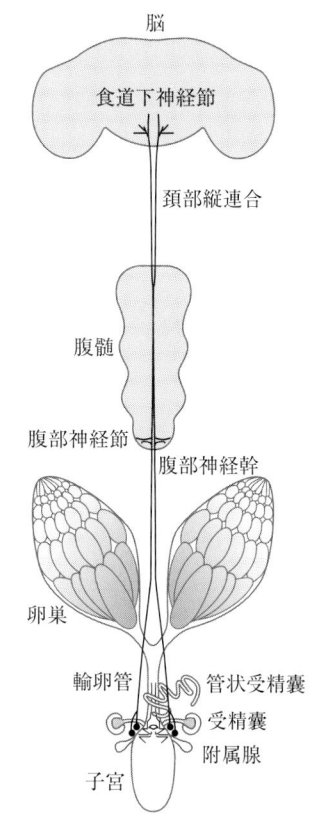

図5・8 雌の交尾後の性的受容性低下を引き起こす感覚ニューロン
（引用文献 [5-9] を改変）

5.3 脳の一つ一つのニューロンに性差を見る

5.3.1 *fruitless* 遺伝子と脳の性差をつなぐミッシングリンクを求めて

1999 年に ERATO を終えると同時に，幸いにも私は科学技術庁（その後文部省と合体して現在の文部科学省となる）の振興調整費総合研究に応募して採択され，そのもとで木村との共同研究を継続することができた．職場も 20 年過ごした三菱化学生命科学研究所から，早稲田大学人間科学部に変わった．*fru* 遺伝子と脳の性的二型とをつなぐ研究を目指したものの，触角葉糸球体の性差からはこのミッシングリンクをつなぐ手がかりは見つけられなかった（その後，ディクソンたちがこのギャップをある程度埋めたのは上記の通り）．そこで，触角葉へのこだわりを捨て，脳全体を再度見直す方向に舵を切ったのだった．

5.3.2 Nippon でつくった GAL4 エンハンサートラップ系統 NP シリーズ

2001 年の冬，私はフェロモン研究のパイオニアで盟友のジャロンのお世話で，パリ 11 大学の客員教授として講義をすることになり，パリに滞在しているときだった．ERATO の私のプロジェクトの研究員だった伊藤 啓（現・東京大学分子細胞生物学研究所准教授）から突然のメールが届いた．日本のショウジョウバエ研究者がチームを組んで作製した GAL4 発現エンハンサートラップ系統のコレクションの中に，*fru* 遺伝子座の真ん中に P 因子ベクターの挿入が起こっている系統がある，その一つが NP21 という系統だ，との知らせであった．さっそく NP21 を取り寄せて，この系統で *GAL4* が発現している脳の細胞を染め出す作業を木村は開始した．

なお，NP21 系統は P 因子ベクターの挿入によって *fru* 遺伝子の性特異的機能が失われた *fru* 座の突然変異体であるので，今後，fru^{NP21} と表記する．

実験が進むにつれ，fru^{NP21} という系統が大変な優れもので，抗 Fru 抗体で染め出される Fru タンパク質をもつ細胞の多くに *GAL4* を発現していて (80% の一致)，エンハンサートラップにありがちな "本来とは違うパターン"

での GAL4 の発現はごく限られたものだということがわかっていった．

ここで言う"本来"の発現パターンとは，fru 遺伝子が発現しているのと完全に同じ細胞たちに GAL4 が発現している，という意味である．しかし，GAL4 の発現が"本来"の fru 遺伝子の発現を映し出しているかどうかを見極めることは，実際には至難の業なのである．GAL4 タンパク質がつくられている細胞が fru 遺伝子を発現している細胞であることを，細胞一個ずつチェックしていかなければならないからだ．

キイロショウジョウバエの脳には 10 万個以上のニューロンがぎっしりと詰まっており，それらが入り組んだ経路で複雑きわまりない形態の突起をあちこちに伸ばして互いに結合している．それらをまるごと眺めても，天空の星の一つ一つがなんという星なのか言い当てよと求められるに等しい困難さである．

まずはごく少数の細胞，できれば一個だけが見える状態にして各細胞の全身像を把握し，今顕微鏡の下で見ている細胞がさっき別の標本で染まっていた細胞と同じなのか違うのか，それを語れる状態にまでしなければならないのだ．

5.3.3　脳内のたった一個の細胞を染め出す MARCM 法

実は，ショウジョウバエの場合，10 万個以上ある脳の細胞のたった一個を染め出す方法がある．fru^{NP21} が fru 遺伝子座に P 因子の挿入をもつということをわれわれが知る 1 年数か月ほど前の 1999 年に，スタンフォード大学のツーミン・リー（Tzumin Lee, 現・ジャネリアファーム研究所）とリークン・ルオ（Liqun Luo）[5-11] によって発表された MARCM というテクニックがそれである（図 5・9）[4-26]．さすがショウジョウバエ，といった感じの染色体操作による巧みな方法で，その原理は以下のようなものである．

細胞を染め出す基本のところは，普通の GAL4-UAS システムによっている．われわれの場合は，言うまでもなく Gal4 発現系統として fru^{NP21} を使うことになる．GAL4 の局在を可視化するために，UAS を使って発色性タンパク質

の遺伝子を発現させる．たとえば緑色蛍光タンパク質の GFP である．細胞の輪郭がはっきりと見えるようにするには，GFP が細胞膜に集まるようにするといいだろう．そこで，細胞膜にいく性質のある mCD8 という哺乳類のタンパク質を GFP にくっつけた人工融合タンパク質が利用されている．

UAS-mCD8::GFP という人工遺伝子をもつ形質転換バエと fru^{NP21} 系統のハエとを掛け合わせ，生まれてくる子供たちは，fru^{NP21} によってつくられる GAL4 タンパク質の存在する体内の場所（細胞）で mDD8::GFP が発現し，そこだけが緑の蛍光を発するはずである．fru^{NP21} は *fru* 遺伝子の発現する細胞で GAL4 が出ているから，緑の蛍光を発する細胞とは，すなわち *fru* 遺伝子を発現する細胞ということになる．

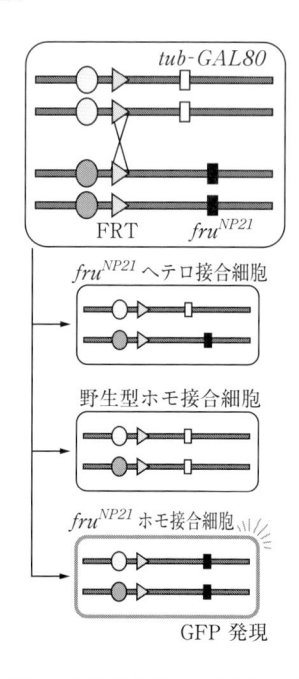

図 5・9　MARCM 法による少数の *fru* 発現ニューロンの標識と操作
（相垣敏郎，ショウジョウバエがわかる，『研究をささえるモデル生物』，p. 108-116, 2009 [4-26] を改変）．図 6・9 も参照のこと．

5.3.4　体細胞染色体組換えが MARCM の決め手

問題は，*fru* 遺伝子を発現する細胞は 2000 個もあり，全部が染め出されたのでは絡まりあったもやしの塊のような状態になってしまい，個々の細胞の姿が判別できないということである．ならば，染まる細胞を減らせばよいのだ．ここで登場する役者が GAL4 の働きに拮抗する GAL80 というタンパク質である．GAL4 の作用が弱まれば細胞は染まりにくいだろう．そこで *tub-Gal80* 遺伝子を使って GAL80 を GAL4 と一緒に発現させてみると，GAL80 は見事に効いて GAL4 を抑制する．結果，何も染まらない．これでは仕事

にならないので，ごく一部の細胞でだけ GAL80 の働きを解除して GAL4 が UAS-mCD8::GFP を活性化できるような細工が必要である．

そこで，またまた酵母の道具箱からおあつらえむきの飛び道具を探してくる．どういう方法で GAL80 の働きを解除するかというと，一部の細胞の染色体から tub-Gal80 遺伝子を物理的にカットしてしまうのである．酵母には染色体の組換えを高頻度で起こす FRT という名の特殊な配列がある．FRT に Flippase という酵素が働くと，細胞分裂時にある確率でその部位で染色体組換えが起こる．そこで tub-Gal80 の挿入点よりも染色体中心側にこの FRT 配列を挟んでおき，tub-Gal80 をもたない相同染色体の対応部位にも FRT 配列を置いて，この個体（tub-Gal80 についてヘテロ接合の個体）に Flippase を働かせ染色体組換えを誘導する．

5.3.5 細胞系譜の追跡が可能な MARCM

ある細胞の分裂時に一対の相同染色体間で組換えが起こると，娘細胞の一方は 2 本の相同染色体に tub-Gal80 が入っている tub-Gal80 のホモ接合体となり，もう一方は 2 本の相同染色体のどちらも tub-Gal80 をもたない細胞になる．tub-Gal80 ホモ接合となった細胞はあいかわらず GAL4 が働かず細胞は染まらないが，tub-Gal80 を失った細胞では GAL4 の機能が回復して，mCD8::GFP が発現するため標識されるであろう．Flippase の作用が弱ければ染色体組換えの起こる確率は低くなり，周囲の他の細胞では組換えが起こらないと期待される．組換えが起こらなかった細胞は tub-Gal80 のヘテロ接合体なので，GAL4 は抑制されて細胞は染色されない．

もし組換えが起きて生じた娘細胞が最終分化細胞となりもはや分裂しない場合は，体の中でこの細胞が唯一 mCD8::GFP で標識されることになる．もし娘細胞が幹細胞の性質を保持していてさらに何度か分裂するときには，その子孫細胞のすべてが標識される．つまり，"一族" の細胞だけが染色されて見えるようになる．このような細胞の縁故のことを細胞系譜という．

神経系の幹細胞である神経芽細胞の最初の分裂の際に組換えが起きれば，

その幹細胞がつくるすべてのニューロン（やグリア）が標識される．これを"神経芽細胞クローン"とよぶ．最終分裂時の組換えで一つだけ標識された細胞は，これに対して"単一細胞クローン"である．

　Flippase をコードする DNA 配列は，高温に反応して転写を起こす遺伝子プロモーターである hsp70 プロモーターに接続した hs-flippase としてショウジョウバエの染色体（多く使われているものでは X 染色体）に挿入されている．hs-flippase をもつ個体を 20°C で飼育していればほとんど Flippase はつくられず組換えは起きないが，発生の途中で 30°C に数十分さらすとその間に hs-flippase 遺伝子の転写が起きてタンパク質がつくられ，分裂中の細胞の中で FRT 配列に働きかけて染色体組換えを引き起こす．

　どの細胞で組換えが起こるかは，神のみぞ知る，で，われわれにはコントロールできない．組換えの起こりうる条件になるべくたくさんのショウジョウバエを置き，"たまたま"調べたい細胞で組換えが起きたものを探してくるということになる．

5.4　一つの同じニューロン集団が雌雄で違った形に発達する

5.4.1　Fruitless 発現中枢ニューロンの性差をついに発見

　木村はこの MARCM 法を使って，fru 遺伝子が発現しているニューロンを片っ端から染色し，細胞体が存在する脳内の位置と神経突起が伸びる経路（投射）パターンに基づいて，約 50 の神経芽細胞クローンを同定した．その結果キイロショウジョウバエの脳で，それまで誰も気がつかなかった歴然たるニューロンの性差をいくつかの fru 発現ニューロンに見いだしたのだった [5-12]．

　とくに顕著な性差を示すのは，触角葉のすぐ上に細胞体があり，神経突起を脳の外側原大脳と食道下神経節とに伸ばす介在ニューロンのクラスター，mAL（neurons medially located, just above the antennal lobe）である（図 5・10）．まずこのクラスターを構成するニューロンの数が雌雄で異なる．雌

細胞は5個　　　　　　　　　　　細胞は30個

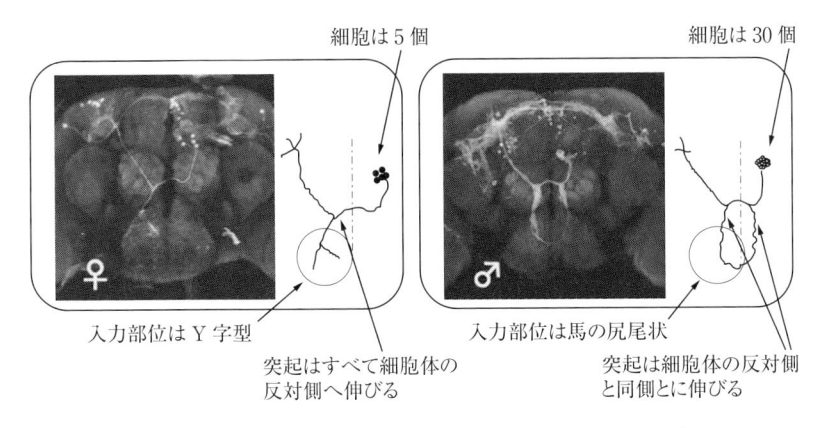

入力部位はY字型　　　　　　　　入力部位は馬の尻尾状

突起はすべて細胞体の　　　　　　突起は細胞体の反対側
反対側へ伸びる　　　　　　　　　と同側とに伸びる

図5・10　性差を示す *fru* 発現介在ニューロン群 mAL の MARCM クローン
（引用文献 [5-12] を改変）

は5個，雄は30個である．次に，細胞体から伸び出る神経突起の投射の様式が，性によって違う．主要な神経突起は，雌雄とも細胞体から出て内側に曲がり正中線を横切り反対側へと伸びるが，雄では細胞体と同側にも大きな突起があり，それは食道下神経節に達している．雌にはこの神経突起が存在しない．性差は反対側の神経突起にも認められる．反対側に達した神経突起は二股に分かれて，一方は上行して外側原大脳に伸び，もう一方は下行して食道下神経節に終わっている．この食道下神経節の終末が，雄ではすっと伸びてウマの尻尾のような形に終わっているのに対して，雌ではY字形になっているのである．

5.4.2　*fru* 変異体の雄ではニューロンが雌に性転換していた

やはり *fru* 発現ニューロンに性差はあったのだ．性差をつくる働きをするのが *fru* 遺伝子だという想定通りならば，その機能が失われた *fru* 突然変異体では，性差が失われるはずである．

実際，*fru^{satori}* や *fru^{NP21}* など *fru* 突然変異ホモ接合体の雄では，mAL を構成する細胞の数は5個に減っていて，同側の神経突起は存在せず，反対側の神経突起の末端部はY字形の分岐を示していた．性差を示す三つの特徴の

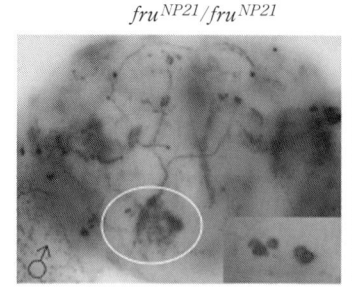

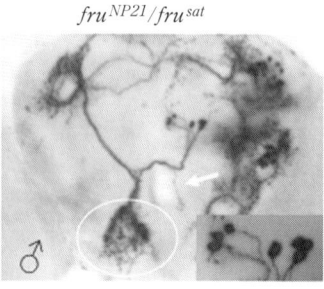

図 5・11 *fru* 突然変異体雄で雌化する mAL ニューロン
fru 突然変異体では，雄の性的二型ニューロンの数は減少し，雌とほぼ同様の数になる．投射パターンは，♀型を示した．（引用文献 [5-12] を改変）．

すべてが，完全に雌化していたのである（図 5・11）[5-12]．一方，*fru* 突然変異体の雌では，mAL は野生型の雌と同じで，典型的な雌の特徴を保持していた．つまり，*fru* 遺伝子の働きはニューロンに雄型の特徴をもたせることであり，*fru* が機能を失うとニューロンが雌型になってしまうということである．換言すれば，*fru* 遺伝子はニューロンの雄化因子なのである．

5.4.3　死神遺伝子

では，*fru* 遺伝子はどのような仕組みで，mAL ニューロンに性差をつくりだすのだろうか．まずは雌で 5 個，雄で 30 個という数の違いを考えてみる．大まかに言うと，可能性としては二つある．雄の神経芽細胞（幹細胞）がより多くの回数分裂して，雌よりも 25 個多くニューロンをつくるからか，雌でニューロンが 25 個死んで 5 個になるか，である．

発生の過程では，必要な数よりも多く細胞をつくっておいて，過剰なものは後で取り除く，という仕組みが至るところで使われている．これを予定細胞死（programmed cell death）という．たとえばわれわれの掌（自脚部）は出生前のある時期まで指と指の間を細胞が埋めていて水かきのような形をしているが，ある段階でその部分が予定細胞死を起こし，指が別々に分かれるのである．

細胞を壊す働きをする一連の酵素はカスパーゼといい，これらの酵素がシグナルを受け取ると活性化されて細胞死を導く．ショウジョウバエでは，*hid*, *reaper*, *grim* という三つの遺伝子によってつくられるペプチドが，そのシグナルである．この三つの遺伝子は第3染色体上に並んで存在しているため，その部分を失った欠失染色体（*Df[H99]* とよばれる欠失染色体）を使うと三つともまるごと取り除くことができる．

Df[H99] 欠失染色体のホモ接合体では予定細胞死がほぼ完全に起こらなくなるが，個体としては生き続けることができずに，発生の途中で死んでしまう（致死）．しかし MARCM 法を用いると，個体全体としては *Df[H99]* についてヘテロ接合で生存し，体内の一部の細胞（体細胞染色体組換えを起こした細胞に由来する細胞群）だけが *Df[H99]* ホモ接合となって予定細胞死を免れるという状態をつくりだすことが可能になる．mAL ニューロンの数の性差に予定細胞死が関係しているかどうかは，この方法で調べることができるわけである．

5.4.4 雌雄の脳に違いを生む一因は細胞死にあった

実験の結果，mAL ニューロンが *Df[H99]* のホモ接合になると雌では劇的に数が増加し，平均で19個，最も増えた事例では29個にまでなった（図5・12）[5-12]．しかし，雄では30個のままであった．これは，雌で予定細胞死が起こるために mAL は5個と数が少なくなり，雄では細胞死が起こらない結果，もともと生じた30個すべてが存続することを意味しているだろう．

Fru タンパク質は雄の神経系には存在するが雌にはないことをすでに述べたが，この違いが予定細胞死の有無をもたらすと考えられる．Fru タンパク質が存在すると，予定細胞死の仕組みが発動しないということである．

では，予定細胞死を止めた結果，雌で余分につくられる mAL ニューロンは，どのような形をしているだろうか．雄の特徴を示すのか，それとも雌の特徴を示すのか，注目されるところである．*Df[H99]* のホモ接合となった雌の脳内の mAL ニューロンは，細胞体と同側の雄特有の神経突起を有してい

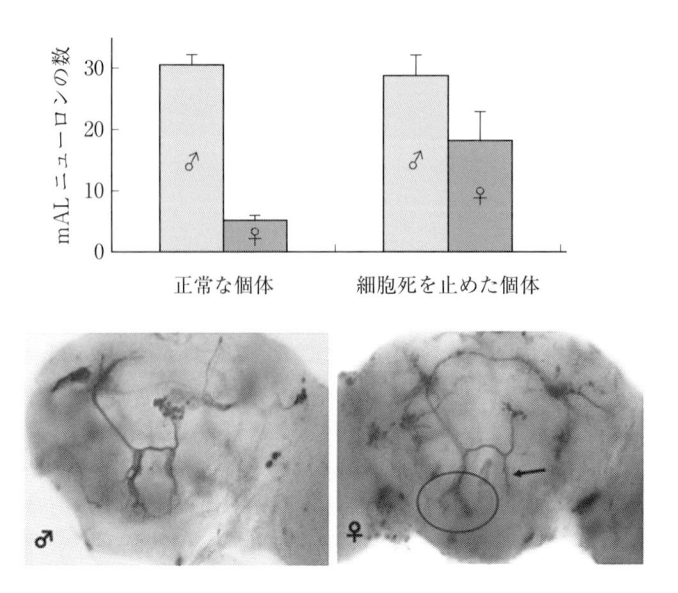

図 5・12　mAL ニューロンの性差形成への細胞死の寄与
雄型の神経回路をつくる予定の 25 個の神経細胞を雌は選択的に細胞死させて取り除き，残る 5 個のニューロンを使って雌型の神経回路をつくりだす．雄では Fru タンパク質（雄にだけ存在する）が細胞死を妨害して，雄型の神経回路が形成される（木村賢一 原図と引用文献 [5-12] を改変）．

た（図 5・12）[5-12]．つまり，この点でも雄化が生じているといえる．ところが細胞体の反対側の神経突起終末には枝分かれ構造がはっきりと見て取れる．これは雌の特徴である．

この結果から，雌では雄型の同側神経突起を伸ばすことが運命付けられている 25 個の細胞を予定細胞死によって除去し，雌型の神経回路を確保するのだと推論される．雄では Fru タンパク質の存在によって予定細胞死が阻止され，同側神経突起をもったニューロンが存続するため，雄型の神経回路がつくられる．こうしてできた神経回路の性差によって，行動の性差が生み出されるという筋書きである．しかし，反対側の神経突起の先端構造の性差は細胞死によっては説明できず，*fru* 遺伝子は細胞死の制御とは別に，もう

一つの独立の仕組みによって，神経突起の形態の形を変えると推察される．

ニック・ストラウスフェルト（Nicholas J. Strausfeld）は早くも1980年に，クロバエやイエバエの視覚系に性差を示すニューロンが存在することを報告していた[5-13]．キイロショウジョウバエの性行動異常突然変異体 *fru* によって，脳のニューロンの性差は再び研究の表舞台に立つこととなった．

5.4.5 研究費困窮状態を救った性差発見

こうして，*fru* 発現ニューロンに顕著な性的二型が発見され，*fru* 遺伝子が性行動の雌雄差を生み出す土台に，ニューロン一つ一つの性差があることが示唆されたのである．われわれの論文は Nature に受理されて，mAL ニューロンの画像が2005年11月10日号の表紙を飾った（図5・13）．

この研究を財政的に支えた科学技術振興調整費総合研究は2005年の3月末に終了してしまい，私も木村も無一文の状態だったため，Nature のカラー図版代数十万円は棒引きしてもらい，せっかくの Nature 論文にもかかわらず，別刷すらつくることができずにただ掲載を祝ったのだった．研究費がな

図5・13　mAL の性差を報じる論文の掲載された Nature 誌の表紙

くては研究はできないので，その年は言うまでもなく科学研究費補助金の申請をたくさん行っていた．

　申請した中で一番大型の研究費は特別推進研究であった．実は特別推進研究にはそれまでも毎年申請していて，すでに初めての申請から10年近く経っていた．最初のうちは書面審査で不採択だったものが，やがてヒアリングにまでは進むようになり，このとき，6回目（6年目）の特別推進研究のヒアリング通知を受け取った．5回もヒアリングの後に不採択になっていると，もはや採択可能性を意識に上らせることはなくなってしまう．それでもNature の表紙をパワーポイントに張り付け，ヒアリングに挑んだ．そして，ついに特別推進研究への採択を勝ち取ったのだった．

　東北大学に異動して1年後の2006年度から，特別推進研究に基づく *fru* 遺伝子の研究が始まったのである．

6章
脳の性差から行動の性差へ

　100年ほど前，スターテヴァントによって開始された行動のモザイク解析は，脳の機能分業を前提としている．事実，性行動のステップごとに脳の違った領域が制御の主役であることを示す結果が長い年月を経て積み上げられてきた．そしてようやく今世紀に入って，どのニューロンが行動を支配しているのか，単一細胞レベルの解像度でアプローチする技術的基盤が整った．すなわち，MARCM法で周りとは違う遺伝子型をもった細胞のクローンを脳内につくりだし，そのクローンを構成する一個～数十個の細胞集団だけを操作して行動を観察するのである．この手法で雌の脳内のいろいろなニューロン集団を順次網羅的に雄化し，どのニューロン集団を雄化すればその雌たちが雄の性行動をするかを調べた．その結果，P1クラスターと命名された雄特異的ニューロン集団を雌の脳の少なくとも片側につくりだせば，雌が雄の性行動をするようになることがわかったのである．

6.1　雌に雄の行動をとらせるには，どのニューロンを雄化すればよいか

6.1.1　脳の性差の意味を探る

　脳の性差を*fru*遺伝子がつくりだすことはわかったが，脳の性差と行動の性差のつながりは，あくまで推察されるにとどまっていた．たとえば，mALニューロンがどのように性行動と関係しているのかについては，この時点で

はまったく不明という状態であった．ニューロンと行動とをつなぐ研究が必要なのである．そこで再び MARCM 法（図5・9）を活用して少数のニューロンに操作を加え，性行動への作用を調べることにした．

具体的には，雌の脳内のごく一部の細胞だけを雄化して，雌に雄の性行動をやらせてみようというものである．このプランの前提には，行動の性を決するのは「脳全体」ではなく「少数の特権的細胞」だという見方である．この前提に立てば，たとえ脳と体が基本的に雌であっても，その「少数の特権的細胞」さえ雄にしてしまえば，その個体は雄の行動をすると期待できる．

6.1.2 わずか20個の脳細胞の性転換で行動の性転換が起きる

ごく一部のニューロンだけを雄化するために使ったのが，tra^1 突然変異である．tra^1 ヘテロ接合体の雌に体細胞染色体組換えを誘導し，一部の細胞だけを tra^1 ホモ接合にすれば，その細胞は完全に雄化する．木村はこのようなモザイク雌を200頭以上つくりだし，それを一頭一頭正常な雌と同居させて，後者に対して雄のように振る舞い求愛するものを探した．すると，205頭のモザイク雌のうち，16頭が雄と同じようにもう一頭の雌を追跡し，片方の翅を振るわせてラブソングを歌ったのである（図6・1）[6-1]．こうして，「少数の特権的細胞」による性行動の開始というシナリオが，どうやら間違っていないらしい，ということがわかった．

続いて，雄型の性行動をしたモザイク雌（「求愛者」）と雄型の性行動をしなかった"雌のまま"のモザイク雌（「非求愛者」）から脳を摘出し，そのすべての個体でそれぞれどの fru 発現細胞が雄化されていたかを決定した．も

図6・1 脳に雄の細胞をもつモザイク雌（右）が示す雄型の性行動
赤眼個体（右）がモザイク雌，白眼個体（左）は眼色以外の点では正常な雌（引用文献 [6-1] を改変）．

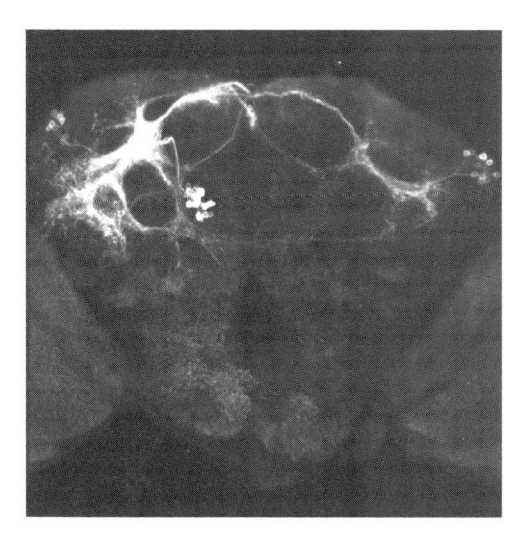

図 6・2　MARCM を用いて標識した
雄特異的 P1 ニューロン
（小金澤雅之原図）

し，「少数の特権的細胞」が実際に存在するとしたら，求婚者ではその細胞が共通して雄化されているはずである．逆に非求婚者では，その細胞は雄化されていないと予想される．

　205 個体のすべての脳を調べた結果，16 頭の求婚者のすべてにおいて雄化されていた細胞群は見つからなかった．ほとんどの細胞群は，求婚者と非求婚者とで同程度の割合の雄化が認められた．その中で唯一 P1 クラスターという細胞群では，非求婚者と比べて求婚者で有意に高く雄化が起こっていた（図 6・2）[6-1]．雄型の求愛をしたモザイク雌の 81 パーセントの個体で，P1 クラスターは雄化されていたのである．これは，P1 クラスターが雄化されると，雌であっても非常に高い確率で雄の性行動を示すようになるということを意味している．その相関は 100 パーセントではないから，P1 クラスターが雄化されていなくても雄の行動をとることは可能である．

6.1.3 雄だけに存在するニューロンの発見

"P1 クラスターを雄化すると"，と上の文章では表現してきたが，実は野生型の雌の脳には P1 クラスターがない．すなわち，P1 クラスターは雄特異的なニューロン集団だったのである．したがって，雌の脳の中に，本来は存在しない雄特異的 P1 クラスターをつくりだすと，その雌は高い確率で雄の性行動をする，ということになる．しかも P1 クラスターが脳の片側にあるだけで，雄の性行動をとらせるには十分であった．つまり，P1 クラスターは domineering（3.2.2 参照）に働くといえる．

P1 クラスターを構成するニューロンの細胞体は脳の後方（posterior）の背側（dorsal）に半球あたり 20 個存在する．その位置は，ホールが古典的な内部モザイク解析によって雄の性行動を始めさせる domineering な focus とした辺りである（図 3・7）[3-5]．約 30 年の歳月を経て，その focus の実体が P1 クラスターというニューロン群であることが判明したことになる．P1 クラスターの細胞体から伸び出た神経突起は，外側原大脳に複雑な形で枝分かれした側枝を広げ，ここで他のニューロンと情報のやり取りをしていると考えられる．主突起は脳の正中線を越えて反対側の外側原大脳に終わっている．

6.1.4 Fru 発現ニューロンの性差形成には複数の仕組みがある

Df[H99] のホモ接合体の MARCM クローンを脳につくる実験によって，予定細胞死を阻害すると雌の脳に P1 クラスターができてくることがわかった．この点で mAL ニューロンとよく似ている（図 5・12）ため，当初は，Fru タンパク質の存否が P1 クラスターの存否を決めるものと思っていた．しかし，意外なことに Fru タンパク質をもたない *fru* 突然変異体の雄にも P1 クラスターは存在し，Fru タンパク質の有無と P1 クラスターの生死の間には関連がないことが判明した．

では一体何が，P1 クラスターの雌特異的な予定細胞死を引き起こしているのだろうか．先の MARCM の実験では，tra^1 突然変異を使って P1 クラスターを雌の脳につくらせていたのであるから，P1 クラスターのあるなしが

tra 遺伝子の支配を受けていることは確かであろう．

6.1.5 Fruitless と Doublesex の協力が雄特異的ニューロンをつくる

そこで，性決定カスケードを見直してみよう（図 4・4）．Tra の下流には二つの別の経路があり，一方は Fru，もう一方は Dsx を介して働くのであった．P1 クラスターの存否が Tra の支配を受けていながら Fru には依存しないのであれば，Dsx が関与していると考えざるを得ない．Fru と Dsx は別々の細胞で働いているという思い込みをもっていたわれわれは虚をつかれた感じではあったが，さっそくこの可能性を検証することにした．

dsx 突然変異体の雌を調べてみると，確かにその脳には P1 クラスターが存在しているのであった．一方 *dsx* 突然変異体の雄は野生型の雄と変わることなく，P1 は正常に形成されていた．*dsx* 遺伝子の前駆体 RNA は雌雄で異なるスプライシングを受け，雄型の mRNA か雌型の mRNA になる．この点，*fru* 遺伝子と似ている．しかし，雄の mRNA だけがタンパク質をコードする *fru* 遺伝子（図 4・9）とは異なり，雄型と雌型の mRNA はそれぞれ雄型タンパク質 Dsx^M と雌型タンパク質 Dsx^F をコードするのであった．したがって上記の結果は，P1 クラスターを予定細胞死に追いやるのが Dsx^F タンパク質であることを意味するであろう [6-1]．

突然変異体を使って得られたこの結果を受けて免疫組織化学的に調べてみると，確かに P1 ニューロンは Fru に加えて Dsx を発現しているのだった．結局脳の中には，Fru だけを発現するニューロン群，Dsx だけを発現するニューロン群に加えて，Fru と Dsx の両者を発現する少数のニューロン群が存在しているのだった．そしてもちろん，一番の多数派を占めているのは Fru も Dsx も発現しない，おそらく両性に共通の細胞たちである．

6.1.6 神経突起の性差を形成する仕組み

P1 クラスターの存否が Dsx タンパク質によって決まるのだとすると，同時に発現している Fru タンパク質の機能は何なのだろうか．Fru タンパク質

を失った *fru* 突然変異体の P1 クラスターを詳しく調べてみると，反対側の神経突起の終末が本来の位置ではなく，上方（背側）にずれていることがわかった．おそらく Fru タンパク質は，神経突起の位置決めに関与しているのだろう．確かに，mAL ニューロンの場合も，反対側の神経突起末端を雄型にするには Fru タンパク質が必要だった（5.4.4 参照）．

こうして，雄型の性行動の引き金を引く脳の介在ニューロン，P1 クラスターが同定された．性行動の司令官とも言うべき P1 クラスターは，二つの性決定タンパク質，Dsx と Fru の働きを受けて雄特異的に生み出され，雄型の性行動を確実に雄で実行させるのだ．

この例から，一方の性でのみ予定細胞死が起きることによりニューロンの構成が雌雄で異なるものになるという一見共通した現象であっても，その仕組みはニューロンごとに違っている可能性があることがわかる．性差をつくりだす潜在的な仕組みはいく通りもあり，そのどれが特定の細胞で"採用"されるかは，偶然のなりゆきだと想像される．進化史の中では，最初から計画されて性差がつくられたわけではないから，性差を生み出す機構が細胞ごとに異なっているのはむしろ当然かもしれない．

6.2 ニューロンを強制的に興奮させて性行動を引き起こす

6.2.1 ニューロンの刺激によって個体に行動を引き起こさせる

こうして P1 クラスターが，雄型の性行動の引き金を引くニューログループの有力候補として浮上してきた．この仮説が正しいならば，P1 クラスターは雄の求愛行動を引き起こしたり逆に抑制したりするさまざまな刺激に応答して，性行動を始めるかどうかの"意志決定"をすることが予想される．果たして P1 クラスターは，そんな"意志決定ニューロン"に相応しい特性の持ち主なのだろうか．それを知るには，性行動の前後で P1 クラスターのニューロンがどのように活動するのかを明らかにすることが不可欠である．意志決定ニューロンであるとすると，雄が性行動をするに先だって問題の

ニューロンは活動し，その活動を導く刺激は，性行動を始めさせる力のある刺激であるはずである．

P1 クラスターが雄の性行動の引き金を引くというわれわれの論文は，2008 年 9 月発行の雑誌 Neuron に掲載されたが，それに数か月先行して，イェール大学（現・オックスフォード大学）のディラン・クライン（J. Dylan Clyne）とゲロ・ミーゼンベック（Gero Miesenböck）が雑誌 Cell に注目すべき論文を発表した [6-2]．ミーゼンベックは，光を使って脊椎動物のニューロンの活動を制御する技術開発でトップを走る研究者だが，その彼が突然ショウジョウバエに鞍替えして *fru* 研究の世界に参入したのである．

6.2.2 "分子カプセル" を使って導入化合物の働くタイミングをコントロール

ミーゼンベックたちは，ATP の存在によって開口しニューロンを興奮させる作用のある $P2X_2$ というイオンチャネルを *fru* 発現ニューロンのすべてに発現させた．このチャネルを活性化するには大量の ATP が必要である．しかし，ATP を普通に加えたのでは，その場でチャネルが開いて，行動観察ができなくなる．そこで，"ケージ入り ATP" を用いる．ケージとは錯体超分子でできた "籠" で，光を当てるとその籠が壊れて中に入れた分子（ここでは ATP）が飛び出してくる，というものである．$P2X_2$ チャネルが *fru* 発現ニューロンにちりばめられていても，光を当てない限り ATP は出てこないので興奮は起こらない．光を当てたときに一気に *fru* 発現ニューロンが興奮を起こすので，そのときに何が起こるのかを観察しようという趣向である．

6.2.3 断頭したショウジョウバエも求愛する

最初，この実験の結果は思わしくないものだった．無理矢理 *fru* 発現ニューロンを活性化しても，何も起こらないことが多いのだった．カマキリの雌は自分と交尾している雄の頭を食べてしまうことがある．頭がなくなると脳も一緒になくなるのだが，雄は交尾し続ける．頭があるときよりも，ずっと徹

底的に（？）交尾するとも言う．それは，脳から来る抑制信号がなくなるためであるとの説を，1950年代にカマキリ中枢神経活動の記録に基づいてケニース・レーダー（Kenneth Roeder）が述べている．

おそらくこの説にヒントを得たのだろう．彼らは雄を断頭して，同じ実験をしてみた．すると，実験に使った約半数の断頭雄が，どこにも求愛する相手はいないのに片方の翅を振るわせてラブソングを発したのだ．オシロスコープで波形を観察してみると，ほとんど正常と変わらないサインソングとパルスソングを彼らは歌っているのであった．

ただ，正常な雄の場合，左右の翅を交代交代に使うのが普通であるのに対して，$P2X_2$ チャネルを使って無理矢理 *fru* 発現ニューロンを活性化した場合は，左なら左ばかり，右なら右ばかりを続けて使う傾向があった．さらに雌に対して同じ実験をしてみたところ，パターンは明らかに異常ではあるが，サインソングとパルスソングに似た歌を歌うことがわかった．

6.2.4 行動司令と行動の実行には神経系の別々の中枢が関与する

ミーゼンベックらの実験から三つのことが言える．まず，*fru* 発現ニューロンをひとまとめに活性化すると，求愛の相手がいないにもかかわらず，"内発的に"雄型の性行動が引き起こされるということである．第二に，ラブソングを直接つくりだす運動回路は胸部神経節に存在し，運動出力パターンの形成には脳は関与しない点である．脳は，求愛行動を始めるための司令を胸部神経節の運動出力形成回路に送っていると考えられる．第三に，正常な雌は決してラブソングを歌わないにもかかわらず，歌を歌うための運動出力形成回路は雌にも備わっている，ということである．

第一の点は，*fru* を発現するニューロン同士が接続してつくられた神経回路を活性化すれば，まるごと性行動を生み出すことができる，という解釈を生み，さらに性行動のための神経回路が *fru* 発現ニューロンだけからでき上がっている，というやや極端な見方を生む要因ともなったが，現象としてはわれわれによっても別の方法でその後確かめられることとなる．

第二の点は，フォンシルヒャーとホール[3-6]の古典的モザイク解析の結果（3.2.5 参照）を，現代的な光遺伝学によって追認したと言える．

　第三の点は，MARCM 法によって雌の脳内に雄特異的 P1 ニューロンをつくりだしたときに，雌が雄型の求愛行動をしたという，われわれの観察と符合する．というのは，司令機能をもつ P1 ニューロンを雌の脳に追加すればそれだけで雌が雄型の性行動をするのだから，P1 よりも下流に存在する雌の回路が雄型の運動出力をつくる能力を有するに違いないからだ．

　われわれの研究結果とミーゼンベックたちの結果から，ショウジョウバエの場合，性特異的な性行動を生み出す回路には，性特異的あるいは性的二型を示すニューロンばかりでなく，性差のない両性に共通のニューロンが多数関与していると考えるのが自然だろう．性差を示すものの中にも，Fru と Dsx の両者によって性分化が起こる P1 のようなニューロンもあれば，mAL に代表される Fru だけの働きで性差が形成されるニューロンもある．また，Fru を発現せず Dsx のみを発現するニューロンもまた存在する．おそらく，司令機能を果たす最高次のニューロンは Fru と Dsx の二重支配を受け，最も下位の運動出力形成回路には，両性に共通のニューロンが多く使われているのであろう．

6.3　性フェロモンを感じる味受容ニューロン

6.3.1　性行動の引き金を引く感覚情報

　われわれの研究で，雄型の性行動の引き金を引くのが P1 ニューロンであることが推定されたが，どのようにして P1 ニューロンは性行動をとるべき状況を把握し，決定を下すのだろうか．自然の状態では，雄の性行動は雌の存在によって引き起こされることは言うまでもない．そこで大きな役割を果たしているのが，化学信号のフェロモンであることはすでに述べた通りである．では，フェロモン情報はどのようにして P1 ニューロンに届くのだろうか．

　フェロモンと一言でいっても，接触化学感覚（味覚）を介して検知される

ものと，嗅覚を介して検知されるものとがあることを思い出していただきたい．それらは，まったく違った経路で中枢へと送られるはずである．まずは，接触化学感覚を介するフェロモン受容を考えてみる．

"味覚"フェロモンの受容体候補として最初に報告されたのは，雄前脚跗節の感覚毛に発現する GR68a とよばれる 7 回膜貫通型タンパク質だった．ショウジョウバエの雄の前脚には性櫛（sex comb）という雄にしかない毛の塊がある．これらの毛の存否は dsx 遺伝子に支配されていて，毛の付け根の感覚細胞も必然的に雄特異的である．

フービ・アムライン（Hubert Amrein）たち [6-3] は，感覚毛の付け根にある雄特異的細胞に Gr68a が発現していることに着目し，Gr68a 発現細胞に TNT を発現させて，そこからのシナプス出力を遮断する実験を行った．するとそうした雄は雌に対してあまり求愛しなくなったが，かといって雄に対して盛んに求愛するといったことはなかった．この結果からアムラインたちは Gr68a が雌由来の興奮性フェロモンを感じる雄の受容体であろうと考えた．

6.3.2 味覚か聴覚か

その後，江島亜樹ら [6-4] は，視覚情報が制限された条件下では，雌の立てる音が雄にとって求愛開始の手がかりになることを示し，Gr68a 発現ニューロンに TNT を発現させて見られる雄の求愛活性低下が，この音の受容に障害が起こるためであることを明らかにした．

実際，Gr68a はアムラインらが報告したもの以外の細胞に雌雄とも中脚，後脚を含め，広く発現が見られる．また，われわれのグループの小金澤雅之は Gr68a 発現ニューロンの腹髄への投射を調べ，その軸索分枝終末が各胸部神経節に存在することを見いだした．Gr68a 発現ニューロンには上行性軸索が脳へと伸びているものがあるが，その多くは東京大学 伊藤 啓研究室の上川内あづさ（現・名古屋大学）らによって聴・機械感覚の中枢と同定されている領域に終末をつくっている [6-5]．触角の聴覚受容器であるジョンストン器官から投射する Gr68a 発現ニューロンも同じ部位に終末をつくって

いる．

こうした結果を見ると，GR68aを味覚フェロモンの受容体と考える根拠は，今のところ薄弱とせざるを得ない．

6.3.3 味覚受容体遺伝子の多様化

GR38a はショウジョウバエの「味覚」受容体群の中で，GR32a，GR39a とともに構造的に他の Gr から離れたグループを構成している．また，ほとんどの OR と GR 受容体がイントロンのない遺伝子にコードされているのに対して，*Gr39a* 遺伝子は複数のイントロンをもち，スプライシングによって C 末端の構造の異なるアイソフォームが生じる．しかも異なる種群でエクソンの重複や機能喪失などが頻繁に生じており，著しい多様化が起こっている．このことは，*Gr39a* 遺伝子が正の淘汰を受けて急速な進化的変化を起こしていることを暗示するものだ．

われわれは，*Gr39a* 遺伝子に P 因子挿入が起こってその転写が低下した突然変異体を手に入れて，求愛行動に異常がないか検討した．その結果，*Gr39a* 突然変異体の雄は求愛行動を始めてもすぐ止めてしまうため，交尾成功率が低下することがわかった．また，同様の結果は，*Gr39a* 遺伝子の mRNA を壊す作用のある二本鎖 RNA（dsRNA）を発現させた *Gr39a* ノックダウン系統の雄でも得られた．しかし，雄の同性間求愛が増加するといった兆候はなく，*GR39a* は雌に由来し雄を興奮させるフェロモンの受容体である可能性が示唆された．

6.3.4 味覚がなくなると同性に求愛する!?

アムラインたち [6-6] は，*Gr32a* 遺伝子を相同組換え法によって失活させたノックアウト系統を作出した．この *Gr32a* 突然変異体の雄では，雄同士の同性間求愛が高まっていることが観察された．このことから，GR32a が雄に由来し雄の性行動を抑制するフェロモンの受容体なのではないかと考えられた．

6.3.5 求愛の姿勢もフェロモンで制御される

われわれのグループの小金澤雅之 [6-7] は，*Gr32a* 発現ニューロンの出力を TNT などを使って止めると，雄の求愛姿勢が変化することを見いだした．通常，キイロショウジョウバエの雄は片方の翅だけを振るわせてラブソングを発する．ところが，*Gr32a* 発現ニューロンを阻害すると，雄はもう一方の翅を畳んだ状態に保つことができずに，そちらの翅も同時に持ち上げるようになった（図 6·3）[6-7]．

Gr32a 受容体は，口吻に加えて前脚の跗節の味覚毛の感覚細胞に，雌雄を問わず発現している．雄は求愛の際に前脚で雌の腹部をたたくタッピングとよばれる行動を盛んにとる．

多くの場合，雄は雌の側面からアプローチして片足でタッピングをするので，そのときに左右どちらかの *Gr32a* 発現細胞が強く刺激され，その情報が左右の翅の一方の動きを抑制するのに使われるのではないか，という推論が生まれる．そこで片方の前脚の先端を外科的に除去してみたところ，*Gr32a* 発現ニューロンを阻害したときと同様に，雄は両翅を開いて求愛した．

以上の知見から，*Gr32a* 発現ニューロンは，雌雄がともにもつフェロモンを感知し，雄に対する求愛を抑制するとともに，雌（ときには雄）に対する

図 6·3　*Gr32a* 発現ニューロンの阻害によって生じる両翅による雄の求愛
左は正常な雄の求愛．右は TNT によって *Gr32a* 発現ニューロンの活動を阻害した雄の求愛（小金澤雅之原図）

求愛の際に片方の翅の動きを止める働きをすると解釈される．ただしこの現象がはっきり認められるのは暗い環境においたときであり，明るいところでは視覚情報も利用して，雄は翅の動きを片側だけに制限していると考えられる．

6.3.6 性差を示す介在ニューロンはフェロモン情報処理に関わる

では，*Gr32a* 発現感覚ニューロンで受け止められたフェロモン情報は，どこに送られるのだろうか．前脚の *Gr32a* 発現ニューロンの軸索はまず腹髄の前胸神経節に入り，分枝はつくらずにそのまま頸部神経縦連合を上行して食道下神経節に達している（図 6・4）[6-7]．

小金澤ら [6-7] は，*Gr32a* 発現ニューロンの軸索終末の位置が，性的二型を示す *fru* 発現介在ニューロン，mAL の食道下神経節内の樹状突起の位置と近接していることに注目し，両者の関係を詳しく調べた．その結果，*Gr32a* 発現感覚ニューロンの軸索末端が，雄の mAL 介在ニューロンの反対側樹状突起とぴったり重なること，そして雌の mAL 介在ニューロンとは接点がないことが明らかになった．

この観察から，前脚の *Gr32a* 発現感覚ニューロンは，雄でのみ，mAL 介在ニューロンに接続してフェロモン情報を送り込んでいると推定された（図 6・4）[6-7]．この考えが正しいならば，mAL ニューロンの機能を止めたときにも，*Gr32a* 発現ニューロンの機能を止めたときと同様の異常が見られるはずで，実際，実験結果はこの考えを支持した．

こうして，mAL ニューロンの一つの機能が，味覚フェロモンの情報処理であることがわかった．mAL ニューロンの反対側樹状突起の性的二型は，フェロモン情報を雄特有の求愛行動制御に活用するという働きに対応していたのだ．

6.3.7 側抑制によってコントラストを強める

mAL ニューロンの多くは γ アミノ酪酸（GABA）を伝達物質とする抑制性ニューロンで，雄では同側の樹状突起を介して，左右のペア間で相互抑制結

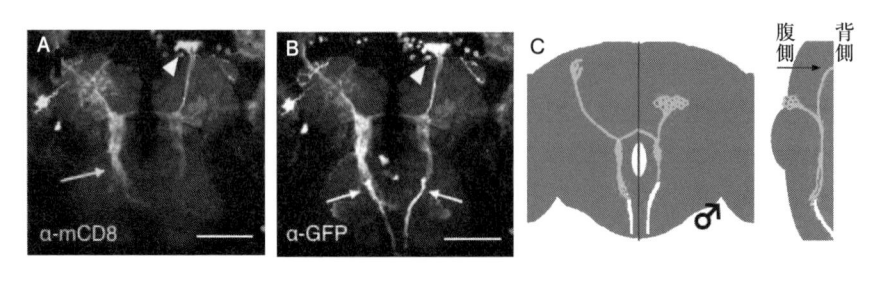

図 6・4 *Gr32a* 発現ニューロンと mAL 介在ニューロンとの雄特異的な接続と左右の mAL 間での側抑制による神経活動の左右相反性の増強
A：mAL のみを mCD8 抗体で可視化．矢尻は mAL の細胞体．矢印は反対側突起．B：*Gr32a* 発現ニューロン（矢印）と mAL を GFP 抗体で同時に可視化．C：mAL（薄いグレー）と *Gr32a* 発現ニューロン（白）の突起の位置を模式的に示す．D：mAL と *Gr32a* 発現ニューロン間の接続想定図．（引用文献 [6-7] を改変）．

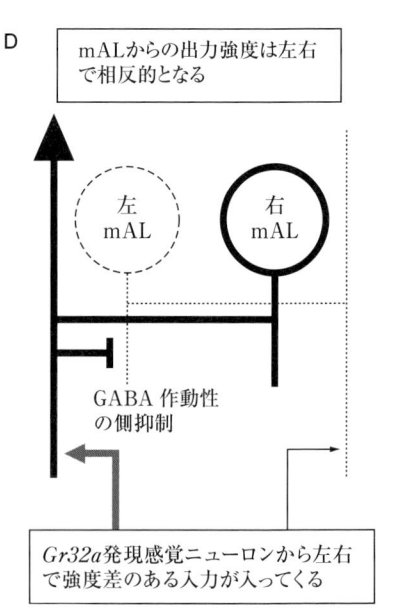

合をつくっている可能性がある．このような側抑制は，ペアの一方が興奮しているときにはもう一方を抑制して両者間に相反的な活動を発生させる仕組みとして神経系で広く働いており，mAL はこの側抑制機構によって左右の翅の相反的な動きを実現するのではないかと推察される（図 6・4）[6-7]．

mAL の出力部位は，上行性の反対側突起が終末する外側原大脳で，ここには P1 の樹状突起を始め，いくつもの *fru* 発現介在ニューロンが突起を伸ばしている．現在のところ，mAL から情報を受け取るニューロンがどれな

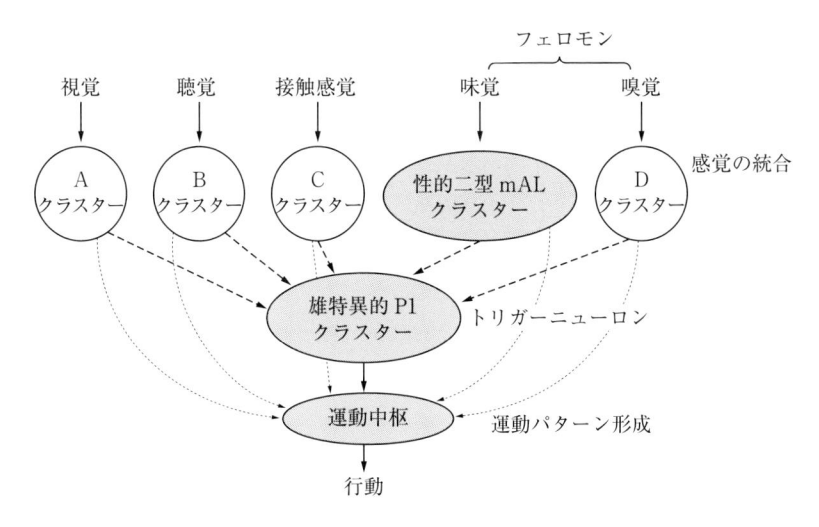

6.3 性フェロモンを感じる味受容ニューロン　　　147

図6・5　雄の性行動をつくりだす神経回路の概念図

のかはわかっていないが，最終的には脳から胸部神経節に伸びる下行性介在ニューロン（descending interneurons）へと伝えられて，翅を動かす胸部の運動出力形成回路に左右交互の活動を引き起こすはずである（図6・5）[6-7].

6.3.8　複数の味覚受容体が一つの細胞で共同して働く

ところでGR32aは，もともと苦味物質の受容体候補として登場したもので，確かに苦味感受性受容細胞の一部に発現している．事態を複雑にしているのは，一個の受容細胞に複数の受容体タンパク質が一緒に発現していることである．

たとえばGR33aという受容体タンパク質は，ほとんどすべての苦味受容細胞に発現していて，ある受容細胞ではGR32aがそこに一緒に発現し，また別の受容細胞ではGR66aとともに発現する．実際，クレッグ・モンテール（Creg Montell，ジョンズ・ホプキンス大学）たちは，*Gr33a*の突然変異体では雄同士の求愛が高まっていることを報告している [6-8].

逆にある一つの受容体タンパク質に注目すると，受容細胞ごとにさまざまな他の受容体タンパク質と共存する．磯野邦夫ら（東北大学）[6-9] のまとめによると，GR32a と共存が知られている受容体タンパク質には，GR22b，GR22e，GR28a，GR28bE，GR33a，GR59b，GR66a があるという．

6.3.9 昆虫の化学受容体は脊椎動物とは違った仕組みで感じる

味覚は嗅覚と共に化学感覚と一括される．受容器細胞の膜にあって味物質や匂い物質をキャッチする多数の受容体は，1991 年のリンダ・バック（Linda B. Buck）とリチャード・アクセル（Richard Axel；共に 2004 年ノーベル医学生理学賞受賞）の論文 [6-10] を皮切りに，またたくうちに同定された．脊椎動物の嗅覚受容体タンパク質は 7 回膜貫通型タンパク質で，それらは視覚で働くロドプシンやストレスホルモンであるアドレナリンの受容体と構造的には同じグループに属し，その細胞質側に結合している G タンパク質の活性化を介して機能するいわゆる G タンパク質共役の代謝型受容体（metabotropic receptor）である．

昆虫の OR は同じ 7 回膜貫通型タンパク質でありながら，一次構造上，脊椎動物の嗅覚受容体とはほとんど類似性がなく，しかも N 末端が細胞の外に出ていて C 末端が細胞内にあるというように，その"向き"も逆である．そして最近，昆虫の OR は G タンパク質を活性化することによってではなく，みずからがイオンを通すチャネルとして働く（ionotropic receptor）ことが東原和成（東京大学）らによって示された [6-11]．このとき，OR はヘテロ二量体をつくってチャネルを形成するので，昆虫の嗅受容細胞は，二つの異なる OR タンパク質を必ず発現している（図 6・6）．

GR については解明されていないが，OR と同様の機構が働いている可能性がある．発現する GR の組合せによって，受容体複合体の性質が決まるとすれば，GR32a を発現している細胞の中に異なるリガンド特異性をもつものがいろいろとあることが予想される．たとえば，蚊の忌避剤として使われている DEET をキイロショウジョウバエが味覚を介して感知するには，

6.3 性フェロモンを感じる味受容ニューロン　　*149*

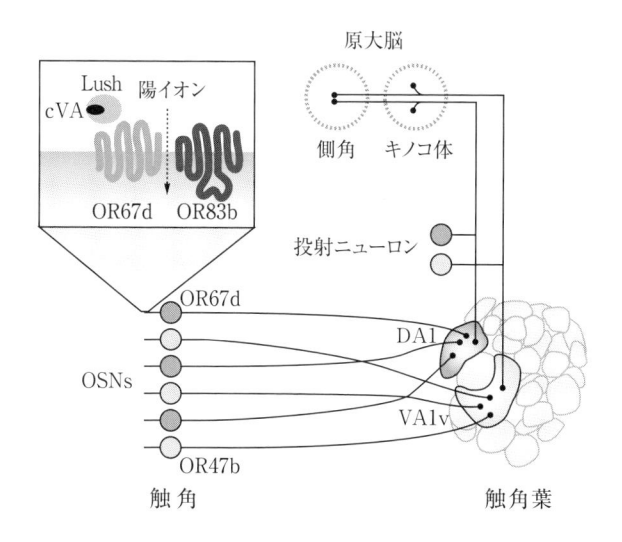

図 6·6　性的二型を示す触角葉糸球体に入力する触角の感覚ニューロン
嗅感覚ニューロンすべてに共通に発現する OR83b と細胞特異的なもう一つの受容体（ここではフェロモンを感知する OR47b と OR67d）とが複合体を形成して機能を果たす．いずれも 7 回膜貫通型タンパク質であり，イオンチャネルを形成する．cVA はフェロモン結合タンパク質 Lush と複合体をつくって作用する．
(Dickson, B. J., 2008, Science **322**, 904-909 [6-12], Fig. 2 を改変)

GR32a，GR33a，GR66a の少なくとも三つが揃っていなければならないことがわかっている（DEET は嗅覚によっても感知される）．

6.3.10　フェロモンは苦い？

　機能的な実験からも，苦味受容細胞がフェロモンの受容に関与する可能性が指摘されている．フェルヴァーら [6-13] は，キイロショウジョウバエ雄の唇弁感覚毛の側壁に穴を開け，そこに金属電極を刺し込んで受容細胞の活動電位を細胞外導出（後述）した（図 6·7）．これは側壁記録法とよばれ，1959 年，九州大学の森田弘道らが味覚毛に初めて適用した技術である [6-14]．

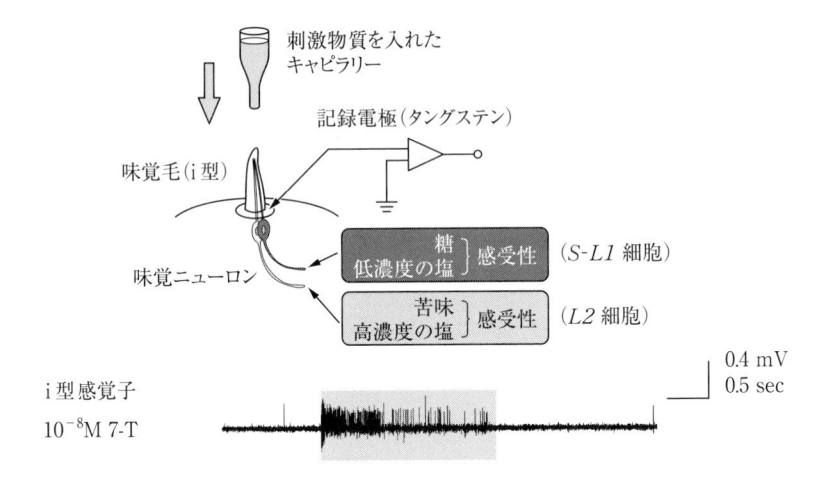

図6·7 側壁記録法によって唇弁の味覚毛から感覚ニューロンの活動電位を記録する
最下段に雄の性フェロモン 7-T に対する雄の感覚ニューロンの応答を示す（引用文献 [6-13] を改変）.

フェルヴァーたちはこの方法で，雄の体表に多く含まれる炭化水素で雄に対して求愛抑制効果のある 7-tricosene（7-T）の作用を調べた（4.1.6 参照）. 7-T を溶解した刺激液をガラス管に詰め，感覚毛にかぶせて刺激すると，高頻度で活動電位が発生した．その活動電位は苦味物質のカフェインに感覚毛をさらした後では感覚細胞の順応によって発生頻度が低下したが，ショ糖で前処理しても頻度の低下は起こらなかったので，7-T に応答するのはカフェインに応答する苦味物質受容細胞であると結論された．

こうした結果から，"求愛抑制フェロモン，口に苦し"，と言えるかもしれない．それらは，ショウジョウバエにとっては，忌避物質の一つとして受け止められているように見える．

6.3.11 神経での情報処理の左右差に性差がある

興奮性のフェロモンに対する受容体として報告された GR68a は，上記の

ようにその働きに疑問符がつけられ，現状ではその候補とはみなされていない．GR 受容体を発現する感覚細胞は前脚の腹側にあるが，前脚背側にも味覚毛があり，それらの少なくとも一部は，*dsx* の働きを受けて雄特異的に形成される．それらが興奮性のフェロモン受容を担う可能性が残っており，その場合，受容体は GR には属さない未知のタンパク質かもしれない．

Gr を発現する感覚ニューロンの軸索は腹髄に入ると，同側の胸部神経節に終末をつくるか，または同側の頚部神経縦連合を食道下神経節へと上行する．これに対して，*dsx* に依存して形成される背側の雄特異的な感覚ニューロンの軸索は，腹髄内で正中線を越えて反対側に投射する．雌には正中線を越える軸索は存在しない [6-15]．興味深いことに，*fru* 突然変異体雄ではこの軸索は正中線を越えずに同側にとどまることをベイカーらが報告している [6-16]．同様の観察は木村によってもなされている．

つまり，P1 介在ニューロンがそうであったように，この感覚ニューロンは *dsx* と *fru* の双方に依存して，その性特異性を獲得するのである．*dsx* は細胞の形成自体を支配し，*fru* は神経突起の雄特異性を支配する．この点でも P1 の場合と符合する．前脚背側の味覚毛に含まれる *dsx*, *fru* の両方を発現するこの細胞が，雌由来の興奮性フェロモンを伝える感覚ニューロンであるのかどうか，今後の研究が待たれる．

6.4 嗅覚で感知されるフェロモンの中枢処理

6.4.1 普通の匂いとフェロモンは分別処理される

以上が味覚システムを介するフェロモン受容の概略である．次に嗅覚システムを取り上げるが，これについてはすでに *fru* 発現ニューロンの性的二型の発見に関連してある程度紹介した．そこでは，雄の性行動を抑制する雄に由来するフェロモン，cVA が，主に *Or67d* と *Or65a* のいずれかを発現する 2 種類の嗅受容ニューロンによって感知されることを述べた（5.2.3〜5）．*Or67d* 発現感覚ニューロンの軸索は触角葉に入ると DA1 糸球体に投射し，

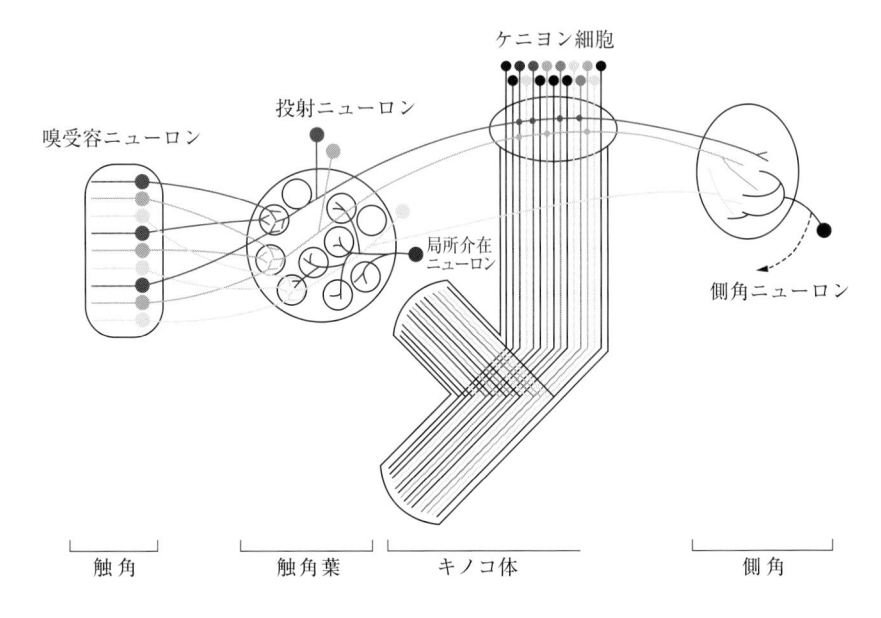

図 6・8　嗅入力の中枢経路
（Masse, N. Y. et al., 2009, Curr. Biol. **19**, R700-R713 [6-17]，
Fig. 1 を改変）

　Or65a 発現感覚ニューロンの軸索は DL3 糸球体に投射する．これらの糸球体を介するルートについては，さらに上位のニューロンまで調べられている．
　触角葉から高次の脳部位へと伸びる投射ニューロンの多くは，キノコ体とよばれる中枢に側枝を伸ばすとともに，軸索はさらに上行して原大脳の側角とよばれる部分に終わっており，グレッグ・ジェフェリス（Gregory S. X. E. Jefferis）ら [5-3, 6-17] によると，このタイプの投射ニューロンの軸索は触角脳内側神経束（inner antennocerebral tract, iACT）を構成する．これとは別に，一部の投射ニューロンは触角脳中央神経束（middle antennocerebral tract, mACT）をつくってキノコ体に枝を出さずに直接側角に達する．DA1 と VA1v に樹状突起叢をもつ投射ニューロンはこの両方を含んでいる（図 6・8）[6-17]．

ジェフェリスらは，複数の個体の脳で同一の投射ニューロンを MARCM 法により標識し，脳の形や大きさの個体差をラッピングという手法で標準化して，神経マップを作成した．その結果，性フェロモン情報を伝えると推察される DA1 や VA1v からくる軸索の終末は側角の前方腹側に集まり，果物など"普通の匂い"を伝える他の多くの軸索は側角の後方背側に集まっていることがわかった．多くの場合この二つの匂いの種類は，触角葉だけでなく，脳の高次レベルでも分別処理されるらしい．

最近になりリチャード・ベントン（Richard Benton）らは，OR とはまるで違う構造をした一群の嗅受容体を発見した [6-18]．これらはその一次構造上，シナプスで働くチャネル型のグルタミン酸受容体に類似していることから，IR（Ionotropic Receptor）嗅受容体とよばれる．その一つ，IR84a を発現する嗅受容ニューロンは，餌の果物などに含まれるフェニル酢酸やフェニルアセトアルデヒドに特異的に応答する．これらはしかし，食物の匂いを感知する感覚ニューロンでありながら *fru* を発現し，触角葉ではフェロモン分析システムで性的二型を示す VL2a [5-3, 6-18] に投射する [6-19]．*Ir84a* をノックアウトした突然変異体の雄は，雌への求愛が低下し，一方野生型の雄はフェニル酢酸存在下で求愛がより盛んになる．餌場は同時に産卵の場でもあるので，餌の存在が性行動を促進することは適応的であろう．

6.4.2　同じ刺激を雌雄は違った受け止め方をする

アクセルのグループはディクソンらと共同で，励起光を当てると蛍光を発する改変型 GFP を利用し，光のビームで照射された一個のニューロンだけを脳内に標識する技術を開発した上で，DA1 糸球体から高次の中枢へと伸びる投射ニューロン群を同定した [6-20]．このニューロン群には *fru* 発現ニューロンの AL3（aDT3）が含まれており，側角に生じた軸索末端の分枝は雌よりも雄でより広範囲に及ぶほか，分枝の位置にも性差が認められた（7.2.6 参照）．

この投射ニューロンは cVA に応答して活動電位を発生させ，その応答に

は性差はなかった．cVA は雄では性行動を抑制するように働き，雌では促進的に働く．このように cVA は雌雄で性行動に逆向きの作用をもつが，投射ニューロンの活動に性差がないとなれば，その違いはさらに後段の介在ニューロンで生まれると想定するほかない．では，投射ニューロンが接続する相手はどんなニューロンなのだろうか．

6.4.3　Fruitless 発現ニューロンがつくる回路の推定配線図

ジェフェリスは，*fru* 発現ニューロンのほとんどすべてを MARCM 法で個別に標識し，上記の標準化マップの手法を最大限に使って，それらを地図に書き込むことを実行した [6-21]．一方，ディクソンたち [6-22] は，flippase 配列を *fru* 座にノックインした *fru*^{FLP} 系統をつくり，*UAS > stop > mCD8-GFP* という人工遺伝子を同じ個体にもたせるようにした．人工遺伝子中の "＞" は，flippase の標的配列の *FRT* を意味する．二つの *FRT* に挟まれた部分は，flippase が作用すると外れてなくなる（図 6・9）[6-23]．元の人工遺伝子に入っていた転写をストップさせる配列（*stop*）がそうして外れると，*mCD8-GFP* は *UAS* の支配下に転写可能となる．後は *UAS* からの転写を開始させる *GAL4* があればよい．

fru^{FLP} と *UAS > stop > mCD8-GFP* の両方をもつ個体を任意の *GAL4* 系統と掛け合わせて得られる子世代では，*GAL4* 発現細胞のうち *fru* 遺伝子のプロモーターが働いている細胞でだけ flippase がつくられるので，mCD8-GFP の発現もそこに限定されることになる．この方法を使うと，MARCM のようにニューロン一個だけを標識することはできないが，そのかわり毎回同じ *fru* 発現ニューロンの一グループをくり返し染め出すことができる．ある個体でどの細胞が染まるかが偶然に左右される MARCM 法にはない利点を有していると言える．

ディクソンたち [6-22] はジェフェリスの協力を得て，この方法で標識した *fru* 発現ニューロンを標準化マップに網羅的に記載していった．標準化マップの精度は非常に高いので，二つのニューロンの突起先端が地図上で重なり

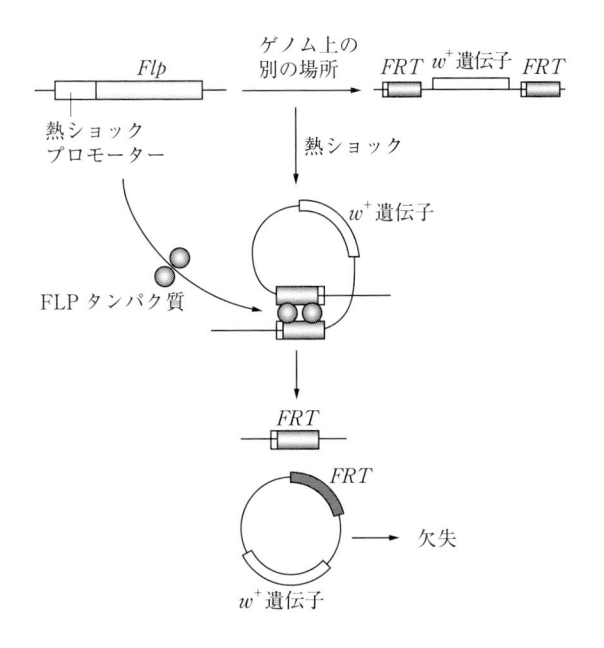

図 6・9 FLP-FRT システムによってゲノムから特定の配列を切り出す方法
(Hawley, R. S. and Walker, M. Y., 芹沢宏明訳, 2005, 『バイオ研究に役立つ一歩進んだ遺伝学』[6-23], 羊土社, 図 5-7 を改変. 図 5・9 も参照のこと).

あう場合には，その間にシナプス接続があると期待できる．また，シナプス前膜に局在することが知られるシナプトブレビンなどをそのニューロンに発現させて標識すると，どちらのニューロンが情報の出し手で，どちらが受け手なのかについても，ある程度は推定できる．

こうした推論に基づき，ディクソンらは *fru* 発現ニューロン同士がつくっていると考えられる神経接続の配線図を描いている．たとえばこの推定配線図によると，AL3 のシナプス後細胞の候補の一つが P1（pMP4）であるという．もしこれが正しいなら，雄ではわれわれが性行動のトリガーニューロンとして同定した P1 に，AL3 が cVA に関する情報を送り込み，P1 の働きを

抑制するという興味深いシナリオが浮上する．問題は，この配線図が二つのニューロンの近接した位置から推論を元に描かれたもので，実際の接続の有無は確認されていない点である．

6.4.4 シナプス接続の有無を決定する方法

では，接続の存否はどうすれば確かめられるのだろうか．

形態学的には，電子顕微鏡観察によって二つのニューロン間にシナプスが存在することを直接調べることである．シナプス前膜にはシナプス小胞が蓄積し，シナプス後膜（しもて側）にはシナプス後肥厚（postsynaptic density）などの特殊化した構造が見られる（図6・10）[6-24, 6-25]．

生理学的には，シナプス前ニューロンの活動に対応したシナプス後電位（詳しくは後述．7.2.2参照）が，シナプスを一個越えて情報が伝わるのに必要な遅れ（シナプス遅延）をもって一対一的に生じることを電気生理学的記録によって示すことである．シナプスの機能的な意味を知る上では，行動に対応したニューロンの活動を生理学的に解析することがとくに重要となってくる．そこで，ニューロンの電気活動を理解するための基礎的知識が求められることになる．

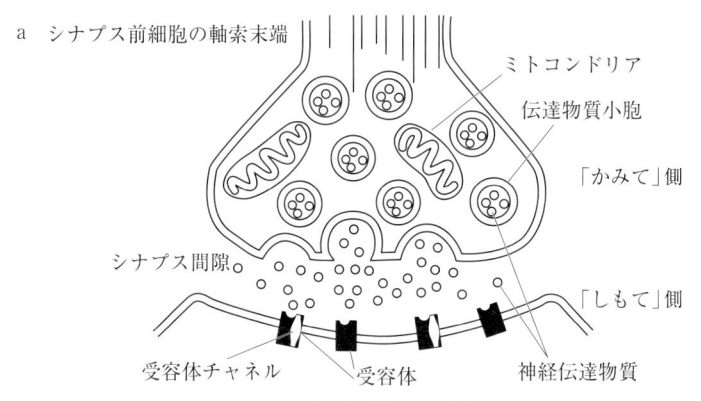

6.4 嗅覚で感知されるフェロモンの中枢処理　157

a　シナプス前細胞の軸索末端

ミトコンドリア
伝達物質小胞
「かみて」側
シナプス間隙
「しもて」側
受容体チャネル　　受容体　　神経伝達物質
シナプス後細胞の樹状突起

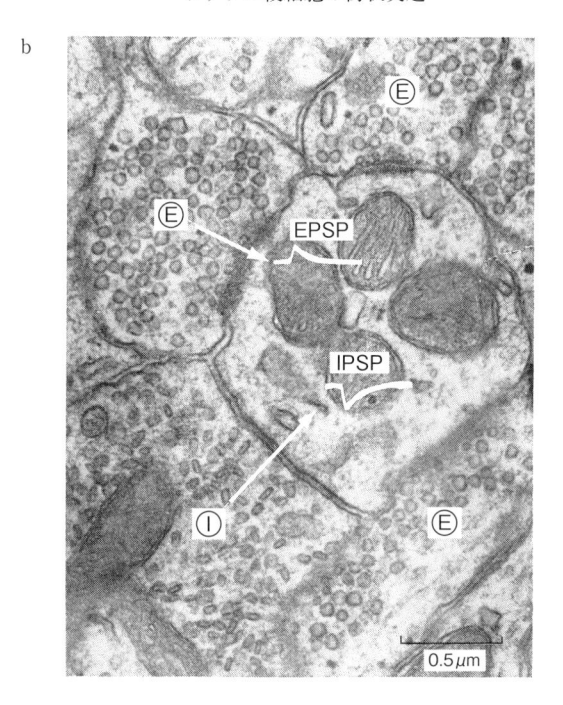

b

EPSP

IPSP

0.5μm

図 6・10　シナプス伝達の模式図ならびにシナプスの透過型電子顕微鏡像にシナプス後電位を重ねて描いたもの．b では興奮性シナプス前ニューロン（Ⓔ）と抑制性シナプス前ニューロン（Ⓘ）がシナプス後ニューロンをとりまいている．
（a：[6-24]，b：[6-25]）

7 章

脳と行動をコントロールする

　脳が行動を生み出すとき，個々のニューロンはそれぞれ勝手に働いているのではない．ニューロンは互いに接続しあって回路をつくり，その回路の中で情報（主として感覚入力）の分析が行われた結果，行動を実行する意志決定がなされて，運動を実現するための運動出力が筋肉に向かって送り出される．ニューロンの中での情報の伝送は電気信号を使って行われ，ニューロン間での情報伝達は主に化学物質を媒体としてなされる．そのため，行動制御のからくりを理解するには，どのニューロンたちがどのような接続をつくっているのかを把握するとともに，さまざまな情報が統合される様子を電気の流れや物質の動きの測定を通じてとらえる必要がある．電気活動に伴って生じる細胞内Ca^{2+}濃度の上昇を，蛍光を利用して行動中の雄から測定した結果，雄が雌に触ってフェロモンを感じるとP1ニューロンがたちまち興奮し，性行動の引き金を引くことがわかった．

7.1　脳の情報処理を理解するために必要な生理学の基礎知識

7.1.1　アナログとデジタルを併用する神経

　"ニューロンの活動"というとき，普通はその電気活動を指している．電気活動は大きく分けると活動電位と局所電位からなる．活動電位はスパイク，インパルスともよばれ，主に軸索を伝わる大きさが一定のパルス状の電位変化であり，情報はその頻度や発射パターンによって暗号化される．活動電位

は情報の質を変化させることなく，長距離にわたって伝送するための，いわば"デジタル"な信号である．

局所電位は与えられた刺激の強さを反映して大きさが変化する電位変化で，発生点から遠ざかるにつれて指数関数的に減衰していく，"アナログ"信号である．代表的な局所電位は，受容器電位とシナプス後電位である．

受容器電位は感覚器に加わった外部からの刺激，たとえば化学的刺激や機械的刺激を生体電気に変換する働きをする．シナプス後電位は，情報の出し手となるニューロン（シナプス前ニューロン）の末端部から放出された化学物質（神経伝達物質）の作用によって，情報の受け手のニューロン（シナプス後ニューロン）に発生する電位変化である．

シナプス後ニューロンは普通，いくつものシナプス前ニューロンから情報を受け取っているため，形や時間経過が互いに異なる複数のシナプス後電位が重なりあって発生する．つまり，異なる入力が収斂して複数の情報の統合が起こるのである．こうして，アナログ的な情報の演算が局所電位によって実行される．演算の結果は，活動電位の発生パターンに変換されて，デジタル的に遠方へと送られることになる．

7.1.2 イオンの流れが神経の情報の土台

活動電位であれ局所電位であれその発生の土台には，細胞膜をよぎって流れるイオンの存在がある．細胞膜は脂質の二重膜でできていて，イオンや水は自由に通り抜けられない．細胞膜には各種のタンパク質が埋め込まれていて，その中にはイオンチャネルとよばれる水とイオンの通り道となるタンパク質も含まれている．イオンチャネルは，立体構造（コンフォメーション）の変化を起こすことで，イオンを通す状態（開状態）と通さない状態（閉状態に加えて不活性化状態，脱感作状態など）との間を行き来する（ゲート機構）．

コンフォメーションの変化を起こす要因は，イオンチャネルの種類によって決まっている．たとえば，活動電位を発生させるイオンチャネルの多くは，細胞膜の外側と内側の間に生じる電位差（膜電位）の減少（0電位に近づく）

または増加（0電位からマイナス方向に遠ざかる）を感じ取ってコンフォメーションを変化させるため，電位依存的チャネルと総称される．これに対してシナプス後電位を発生させるイオンチャネルには電位依存性がほとんどなく，特定の神経伝達物質の結合を受けることによって，コンフォメーション変化を起こす．

7.1.3 カリウムチャネルが細胞をバッテリーに仕立てる

　チャネルはそれぞれ，通しやすいイオンの種類が決まっているので（イオン選択性），生体内で主にどのイオンを通すのかを基準に，イオンの名を冠してよばれることが多い．たとえばカリウムイオンを主に通す電位依存的チャネルは，「電位依存的カリウムチャネル」である．

　電位依存的カリウムチャネルとよばれるものもタンパク質として見ると何種類もあり，脱分極によって開くカリウムチャネルもあれば，膜電位がマイナスに動くと開くカリウムチャネルもある．

　細胞膜の内側には代謝活動によってたくさんの大型の有機酸陰イオンが存在しているが，これらは細胞膜を通り抜けることができない．そのため，細胞内は細胞外を0としたとき，マイナスに帯電した状態になる．そして電気的中性を回復すべく，細胞外から陽イオンが流入することになるが，マイナスの電位で開状態をとるイオンチャネルとしてはカリウムチャネルが主流であるために，細胞外から細胞内にカリウム（K^+）が選択的に流入する．

　細胞外の陽イオンの主成分はナトリウム（Na^+）であり，K^+は一桁濃度が低いにもかかわらず，Na^+の流入は起こらずにK^+だけが濃度勾配に逆らって細胞内に流入する．電気的勾配にそってK^+を内向きに引く力は，やがて濃度差を解消しようとするK^+の外向きの力と均衡して，見掛け上K^+の動きは止まる．これがK^+平衡電位であり，通常，-50から$-100mV$程度，細胞内がマイナスとなる電位である（図7・1）[7-1]．

　細胞は普段，このように内側が電気的にマイナスになっており，これを静止膜電位とよぶ．つまり，静止膜電位は，ほぼK^+平衡電位に等しい．現実

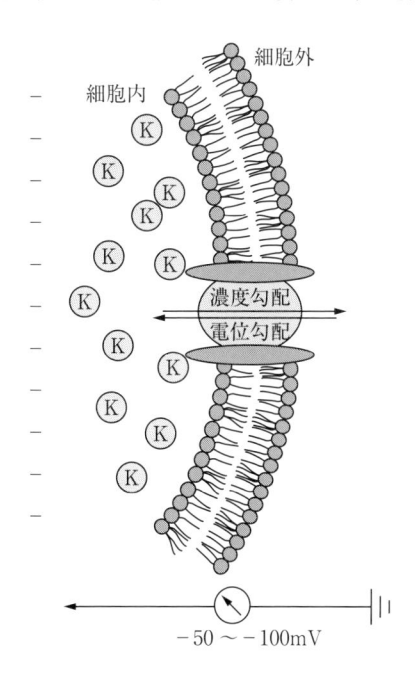

図 7・1　細胞膜を横切って生ずる電位勾配と K$^+$ イオンの濃度勾配 [7-1]

的には他のイオンの透過があるため，静止膜電位は K$^+$ 平衡電位より，いくぶんプラスにずれている．

7.1.4　ナトリウムチャネルとカルシウムチャネルが電気的興奮を支える

　神経や筋肉，腺などの組織は，膜電位が脱分極すると開くナトリウムチャネルやカルシウムチャネルをもっている．これらのチャネルが開口すると，Na$^+$ や Ca^{2+} の平衡電位に向かって膜電位は一気にジャンプする．Na$^+$ も Ca^{2+} もその濃度勾配は K$^+$ と逆に細胞外に高く細胞内は低いため，その平衡電位は 0 電位をはるかに越えたプラスの値である．膜電位がプラスに転じると，ナトリウムチャネルやカルシウムチャネルはその多くが不活性化状態に陥り，また，プラス電位で開口するカリウムチャネルが活性化されるため，膜電位は再び速やかに静止膜電位に戻る．

活動電位とは，膜電位がマイナス数十ミリボルトの静止膜電位からプラス数十ミリボルトの Na^+ 平衡電位や Ca^{2+} 平衡電位へと一気に変化し，すぐにまた静止膜電位に戻る現象のことなのである．このことから，活動電位の大きさが常に一定（イオン濃度が一定であれば）であることも自ずと理解できる．活動電位のピーク値は，関与しているイオンの平衡電位によって決まるからである．

膜の一点で活動電位が発生すると，それによって"隣"の膜区画も脱分極するため，そこに存在するナトリウムチャネルやカルシウムチャネルはその電位依存的な性質によって開口し，"隣"にも活動電位が発生する．こうして"自己再生的"に隣接部位に新たな活動電位が次々と発生することによって，遠距離の伝導が生じるのである．活動電位の発生は，膜電位がある決まった値を越えてプラスの値をとったときに起こる．つまり，活動電位の発生には閾値電位が存在するのである．

一般に，軸索の細胞膜に存在して活動電位を発生させるイオンチャネルはナトリウムチャネルであるが，シナプスの周辺や細胞体にはカルシウムチャネルが集積している．脊椎動物の筋肉細胞膜はナトリウムチャネルによって活動電位を発生するが，ショウジョウバエのような節足動物の筋膜にはナトリウムチャネルは存在せず，カルシウムチャネルのみがそこに関与している．

7.1.5　シナプスのイオンチャネルは漸次的応答をつくりだす

シナプス後電位の発生に関わるイオンチャネルは一般にイオン選択性がさほど高くはなく，陽イオンであれば Na^+, K^+, Ca^{2+} のいずれであっても通すといったものが多い．こうした陽イオンチャネルでは，その結果として平衡電位は0ミリボルト付近にある．この場合，人工的に電流を細胞内に注入して膜電位を0ミリボルトよりもプラスの値に動かすと，陽イオンは細胞の中から押し出され，逆向きに流れるようになる．つまり，シナプス後電位の極性が反転して現れるため，このような実験で実測される平衡電位は逆転電位とよばれる．電位依存性がないため，発生点の隣接部位で自己再生的に発生

がくり返されることはなく，したがって発生点から遠ざかるにつれて減衰していく．

7.2 どのようにして脳細胞の活動を観測するのか

7.2.1 電気生理学の実験法

　神経回路によってなされる情報処理の実態を解明するためには，関与するニューロンそれぞれがどのような入力信号を受け取り，それをどのように処理して出力として送り出すのかを知る必要があり，活動電位と局所電位を記録することがそのための第一歩と言える．

　活動電位はパルス列であるため，神経細胞の外側に接触した電極に漏れてくる電流を計測するだけでも，必要な情報を得ることができる場合が少なくない．このような記録法を細胞外導出という（図7・2）[7-2]．一方，局所電位は，もともと電位変化が小さい上にゆっくりとした時間経過であることが多いので，細胞外導出では特殊な方法をとらない限り，ノイズにまぎれて判別できないのが普通である．

　そこで古典的には，微小電極を細胞の中に刺入して，細胞外に置いた不関電極との間の電位差を記録する方法がとられる．微小電極には，ごく細いガラス管の一点を加熱して機械を用いて引きちぎったピペットを用いる．このガラスピペットに3M KClやそれに準ずる高濃度の塩溶液を充填し，電気伝導性をもたせたものがガラス微小電極である．ガラス微小電極の付け根側には極細の銀線などを刺し込み，その銀線の出力を増幅器に接続して増幅しオシロスコープで観察する（図7・2）[7-2]．

　ガラス微小電極の先端が細胞の外にあるときには不関電極との間に電位差は認められないが，細胞膜を突き破って細胞の中に入ると，一気に－50ミリボルトを越えるマイナスの値をとってそこにとどまる．これが静止膜電位である（中枢のニューロンを対象とするときには，周囲にさまざまな組織が絡みついており，電極抵抗も極端に高いため，現実的には静止膜電位を正確に見極めることは困難である）．多くのニューロンは生体内では常に何らか

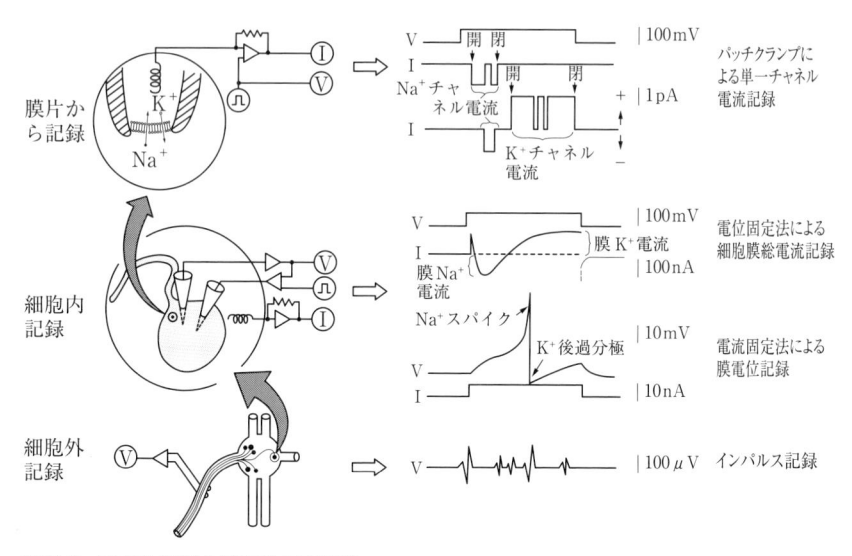

図 7·2　電気生理学の代表的な実験法
細胞外記録では神経組織の外へ漏出する電流を集合的に記録する（最下段）．ガラス微小電極を細胞に刺入して外液との間の電位差を測定するのが一般的な細胞内記録法である．さらに独立した電極から通電して直接刺激を行うこともできる．フィードバック増幅器を用いて膜電位を一定にすると，細胞膜をよぎって流れる電流の測定が可能で，これを電位固定法という（中段）．細胞に押し当てた電極先端に細胞膜をはり付けて膜片内を通る電流だけを測定するパッチクランプ法では，単一チャネルの活動を測定できる（最上段）．パッチクランプ法のバリエーションは図 7·4 参照．測定される電気現象のおよその大きさも記載した [7-2]．

の活動を示し，活動電位がくり返し発生していることが多い．

7.2.2　シナプス活動を見る

　増幅器の感度を高くすると，活動電位よりもずっと小さくて経過も遅いさまざまな形をした電位変化が見えるようになる．シナプスに近いところに微小電極が刺さっているときには，こうして多くのシナプス後電位を記録することが可能である．
　シナプス後電位は大きく分けて二つのグループからなる．その一つは，通常，静止膜電位からプラスの方向（脱分極という）に向かって生じるもの

で，それが十分大きければ閾値電位を越えて活動電位の発生を引き起こす．つまり，シナプス後ニューロンに興奮を引き起こす性質をもつということであり，そのため，興奮性シナプス後電位（Excitatory postsynaptic potential, EPSP）とよばれる（図 7·3）[7-3]．EPSP を発生させるイオンチャネルは一般に陽イオン選択性チャネルであり，平衡電位は 0 ミリボルト付近にあるものが多い．

これに対して，通常，静止膜電位からよりマイナスの方向（過分極という）に向かって変化するシナプス後電位は，活動電位の発生を起こりにくくするものであるので，抑制性シナプス後電位（Inhibitory postsynaptic potential, IPSP）という（図 7·3）[7-3]．IPSP を発生させるイオンチャネルは，塩素イオン（Cl$^-$）かカリウムイオン（K$^+$）に選択的である．

このことは，静止膜電位と IPSP の逆転電位は非常に近いところにあり，時には IPSP が脱分極性になったり検出困難となることを意味している．しかしそれでも，IPSP が発生するとイオン透過性が上昇するために膜の電気抵抗は低下したことになり，同時に発生する EPSP の振幅を目減りさせるため，興奮を抑制することができるという．

7.2.3　神経伝達物質と受容体

シナプス前ニューロンからの入力がシナプス後ニューロンに EPSP を引き起こすかそれとも IPSP を引き起こすかは，前者が後者に向けて放出する神経伝達物質の種類と，後者がその物質を受け止めるに際してどのタイプの受容体を使っているかという，二つの要素に依存して決まる．

一般に一つのニューロンは，たくさんのニューロンに対してシナプスをつくっているが，そうしたたくさんのシナプス（場所的にも遠く離れていることもある）から放出される物質は，同じニューロンが出す限りは同一である，とされている（デールの原理）．

たとえば昆虫では，骨格筋を支配している通常の"興奮性"運動ニューロンが筋肉に向けて放出する神経伝達物質は L-グルタミン酸である．これら

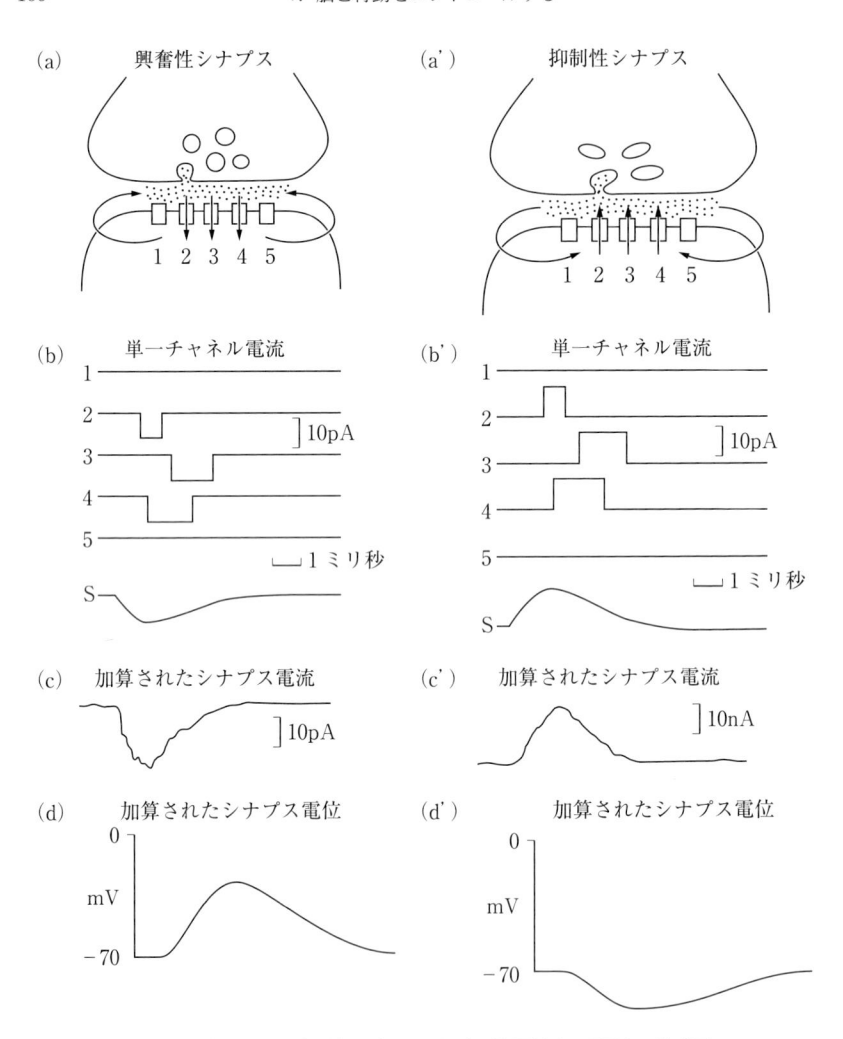

図7·3 単一チャネルシナプス後電流とシナプス後電位との関係の模式図
(a, a') シナプス小胞の中身がシナプス前末端から放出されてシナプス後膜に達すると，チャネルが開口する（個々のチャネルに1～5の番号を振ってある）．そこを通って流れる陽イオンによって電流が流れる（矢印）．(b, b') 単一チャネルの開口はそれぞれ矩形波の電流（1～5）を発生させ，多数のチャネルが相前後して重なりあいながら開閉すると，全体としては滑らかな時間経過のシナプス後電流となると予想される（S）．(c, c') 実際に単一チャネル電流を加算して得られた波形．(d, d') 内向き電流は脱分極性（正方向）の興奮性シナプス後電位を，外向き電流は過分極性（負方向）の抑制性シナプス後電位を発生させる [7-3].

の運動ニューロンは，腹髄（脊髄と相同）内で他のニューロンに対してシナプスを形成しているが，そこで使われている神経伝達物質もまた，L-グルタミン酸である，というのがデールの原理の意味するところである．筋肉に向かって放出された L-グルタミン酸は決まって EPSP を筋肉に発生させる．一方，腹髄内のシナプスでは，L-グルタミン酸が IPSP を発生させる可能性がある．筋肉のシナプス部に存在する L-グルタミン酸受容体が興奮性の応答を発生させるタイプのものであるのに対して，腹髄のシナプス後ニューロンがもっている受容体が抑制性の応答を発生させるタイプであった場合に，こうしたことが引き起こされる．したがって，ニューロンの接続の仕方が解剖学的にわかったとしても，そこで行われる演算の実態は，行動が起こっているさなかに問題のニューロンからシナプス後電位を記録してみないとわからない，ということになる．

7.2.4 ショウジョウバエの中枢神経細胞から細胞内電位を記録する

ショウジョウバエの中枢神経系のニューロン活動を細胞内記録した例は非常に少ない．その一つの理由は，微小電極法を適用する相手として，あまりに小さいということがある．それでも，1970 年代にはすでに池田和夫とその仲間たちによって介在ニューロンや同定された運動ニューロンからの記録がなされている [7-4]．その後も散発的に中枢ニューロンからの細胞内記録の報告はあり，最近では米国 NIH（現・京都大学）の田中暢明らが嗅覚系の介在ニューロンから細胞内記録を行っている．

7.2.5 パッチクランプという革命的手法

1976 年に単一イオンチャネル電流の記録を目的に開発されたパッチクランプ法は，その後さまざまな場面に適用され，微小電極に代わる細胞内記録法としても広く用いられるようになった（図 7・3, 図 7・4）[7-2]．

パッチクランプ法の特徴は，電極内と細胞外との間のリークがほとんどない状態をつくりあげて,非常に高いシグナル対ノイズ比を実現した点である．

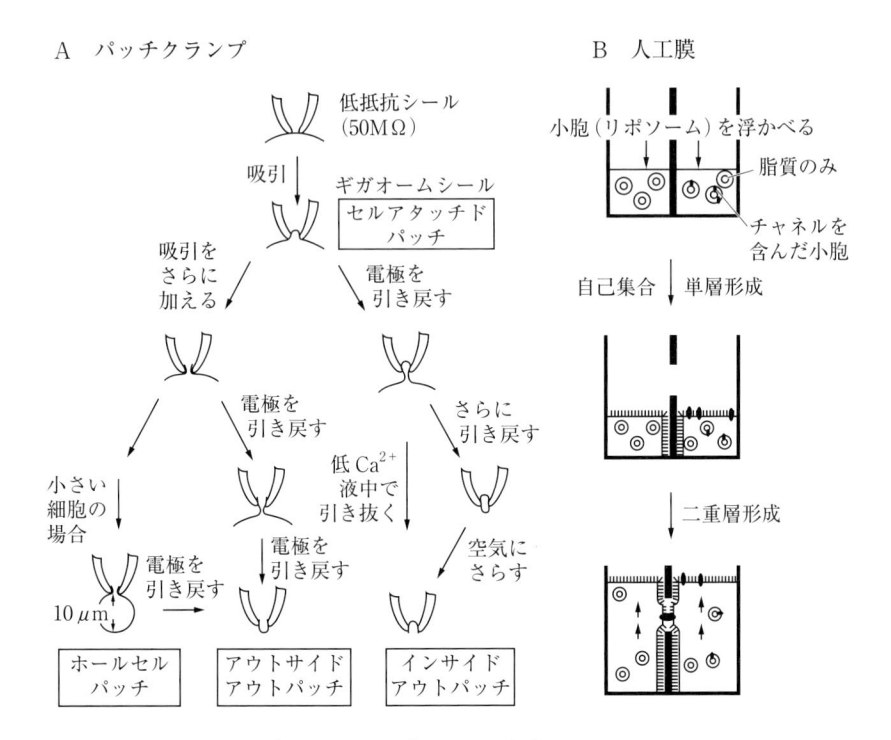

図7·4 パッチクランプの諸法と人工膜を使った実験
A：パッチ電極先端にできた細胞膜のシールを破って細胞の総電流を記録するホールセルパッチ（左），細胞膜の外面を外に向けて電極上に貼付けるアウトサイドアウトパッチ（中央），細胞膜の内面を外に向けて貼付けるインサイドアウトパッチ（右）などの諸法．B：チャネルタンパク質を脂質二重膜に組み込んで，チャネルを通る電流を測定する人工膜実験 [7-2]．

ガラス微小電極の先端開口部は鋭い断裂状態にあり，細胞内への刺入によって細胞膜を傷つけるために細胞内外をつなぐ穴ができてリークが起こる．パッチクランプ法では，太めにつくったガラス電極先端を加熱融解して滑らかにし，ピペット内面を陰圧にして細胞膜に近づける．すると，ピペットの開口部と細胞膜とがぴったりと貼り付き，電極内と電極外（細胞外）との間にはギガオーム（GΩ）レベルのシール，ギガオームシールができる．つまり，ほとんどリークのない絶縁に近い状態ができるのである．

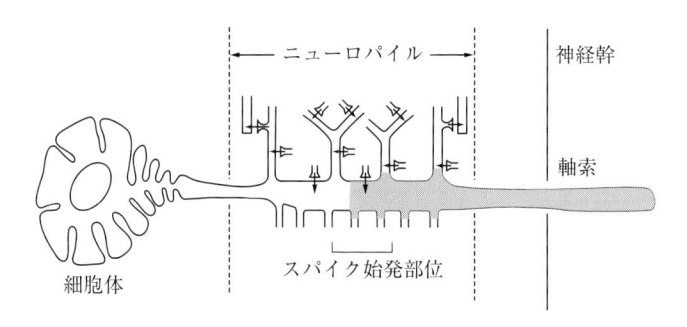

7.2 どのようにして脳細胞の活動を観測するのか

図 7・5　昆虫のニューロンの模式図 [7-2]

　ピペット内にさらに陰圧をかけて細胞膜を破ると，電極開口部のガラス壁と細胞膜のギガオームシールを保ったまま，電極内と細胞内とがつながった状態になる．つまり，微小電極が細胞内に刺さった状態と同じことになるが，違いはリークがないことである．このような状態をホールセルパッチという．
　ホールセルパッチは比較的安定に維持されるので，微小電極法と比べより長く電気的活動を記録できる可能性がある．ただ，電極先端径が大きいので，細胞体のような表面積の大きな部位でないと実行しにくい．ところが，一般に昆虫のニューロン細胞体は電気的に不活性である．シナプス電位は細胞体に隣接する樹状突起叢で発生し，活動電位はさらに遠くの軸索起始部で発生する（図 7・5）[7-2]．これらの電気活動は，発生部位から細胞体まで，ケーブル特性に従って減衰しながら逆行性に伝わってくるため，次第に大きさは小さくなり，波形はひずみが増していく．
　細胞内微小電極は，細く小さな部位にもある程度対処できるが技術的により困難であり，また電極抵抗が非常に高いことによる信号のひずみが避けられず，人工的に電極から通電するといった場合に十分な通電量を確保できない．このように，パッチクランプ法と細胞内微小電極法は，それぞれに強みと弱みがあるのである．

7.2.6 パッチクランプ法をショウジョウバエ中枢ニューロンに適用する

このパッチクランプ法の適用によって，ショウジョウバエ中枢ニューロンからの活動記録が今，広がりを見せてきている．

1970 年代，バッタを材料に用いて，最大三つの中枢ニューロンに同時に細胞内微小電極を刺し込んで刺激と記録を行い，ジャンプや飛翔の神経機構解明に大きな足跡を残した神経行動学のパイオニアの一人に，ケンブリッジ大学のマルコム・バロウズ（Malcolm Burrows）がいる．その弟子の一人，ジル・ローラント（Gill Laurent）は，パッチクランプ法を用いたバッタの嗅情報処理機構の解析で知られるが，その研究室でショウジョウバエの触角葉に研究を広げていったのが，レイチェル・ウィルソン（Rachel Wilson）だった．その後独立したウィルソンのもとからは，風間北斗（理化学研究所）を始めすでに何人もの若手が育ち，ショウジョウバエ脳のパッチクランプ解析が全世界的に進展しつつある．

最近アクセルのグループ [7-5] は，雄の行動を抑制するフェロモン，cVA に関する情報が，投射ニューロンを介して触角葉 DA1 糸球体から外側原大脳に送られた後，どのようなニューロンに中継されて運動中枢に至るのかを，パッチクランプ法による活動電位の細胞外記録，シナプス後電位のホールセルパッチ記録，さらに二光子共焦点レーザー顕微鏡による単一ニューロンの標識技術を組み合わせて，明らかにしている（6.4.2 も参照）．それによると，DA1 糸球体からの投射は DC1 という局所介在ニューロンを経由して DN1 と命名された下行性介在ニューロンを興奮させる．DN1 はその軸索終末を胸部神経節に広げており，ここにある運動出力形成回路を制御すると推定されている．DC1，DN1，二つの介在ニューロン群はともに雄特異的であるという．

7.2.7 光を使って神経活動を見る

ニューロンに生起する電気現象を直接記録する電気生理学は，神経ネットワーク解析において最良の手法ではあるが，適用が技術的に難しいことも多

く，また脳に"傷"をつけずには実験することができない．つまり，侵襲的な手法である．

これに対して，技術的制約がいくぶん少なく非侵襲的に神経活動を記録するものとして，光を活用する方法がある．とくによく使われているのが，人工的につくった蛍光タンパク質をセンサーとして，蛍光共鳴エネルギートランスファー（FRET）という現象を利用し，細胞内の Ca^{2+} 濃度変化を測定する Ca^{2+} イメージングという方法である．

すでに述べたように，ニューロンが興奮すると一般に細胞内の Ca^{2+} 濃度が一過性に上昇するので，これを測定することで神経の活動をモニターしようというわけである．たとえばわれわれのグループが使っている yellow cameleon は，理化学研究所の宮脇敦史らによって開発された Ca^{2+} 感受性蛍光タンパク質である．これは，励起光を当てると短波長の蛍光を出すタンパク質 CFP を分子の一端に，超波長の蛍光を出すタンパク質 YFP を他端にもち，さらに Calmodulin タンパク質の Ca^{2+} 結合部位を有する融合タンパク質である．Ca^{2+} の濃度によって CFP から YFP に移されるエネルギーが変化するという FRET の性質を使って，蛍光の変化から Ca^{2+} の変動を読み取るのである．

7.3　行動している雄の脳の P1 ニューロンがフェロモンで興奮する

7.3.1　"固定"したショウジョウバエに性行動をさせる技術

山元グループの古波津 創は，性行動中の雄の脳から Ca^{2+} イメージングによってニューロンの活動を記録することにチャレンジした [7-6]．このときに解決しなければならない大きな問題の一つが，行動する個体，つまり動く対象を扱いながら，その一方で同一の細胞から蛍光を記録し続けなければならないことである．つまり，個体は動かなければ行動できないが，ニューロンからの記録では対象の位置がまったく動かないということが絶対条件だとい

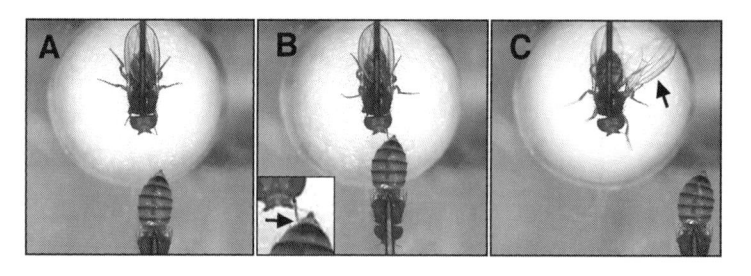

図 7·6　拘束雄行動実験システム
A：処女雌腹部を左右に動かしながら拘束雄に提示しただけでは雄は追跡しない．B：雌の腹部を雄に近づけ雄の前脚でそれに触らせる（挿図は拡大画像）．C：いったん触ると雄は雌の追跡を開始し，雌を提示した側の翅だけを振るわせて求愛する [7-6]．

う矛盾である．

　古波津は，エーリッヒ・ブヒナー（Erich Buchner）の考案した拘束個体を使った行動実験の先例にならい，この問題を解決した．まずショウジョウバエの雄の背中に金属線を貼り付けて体を固定した（拘束雄）．必要に応じて頭部と胸部をのり付けすることで，脳の動きはさらに少なくなる．脚には小さな発砲スチロールの球を握らせる．ショウジョウバエはこの球の上を"歩く"ことができるが，実際には背中で固定されているために球のほうが回転するのである．

　棒の先に取り付けた雌の腹部をマイクロマニピュレータによって操作して拘束雄の正面に近づけていき，拘束雄の前脚を雌の腹部に触らせる．つまり，タッピングを行わせるのである．続いて雌の腹部を拘束雄の眼の前で左右に動かすと，雄は球を回して提示された雌を"追いかけ"，同時に雌の見える側の翅を持ち上げて片翅を振動させる．これはラブソングを発生させる行動である（図 7·6）[7-6]．

　こうして古波津は，拘束雄に性行動をとらせることに成功した．処女雌に代えて雄を刺激として用いたときには，拘束雄が追跡行動をとらず，刺激が処女雌であっても cVA を塗布した場合には，追跡行動はほとんど起きなかった．つまり，拘束条件に置いても，雄は通常通りに性行動をとるのである．

7.3.2 性行動中の雄の脳内ニューロンから活動を記録

古波津は，yellow cameleon を *fru* 発現ニューロンに強制発現させて Ca^{2+} イメージングを行うべく，さらに工夫をこらした．頭部のクチクラに窓を開け，脳を露出させると，yellow cameleon が発する蛍光をキャッチできる．

励起光を当てて脳の Ca^{2+} イメージングを行いながら，拘束雄の前脚に処女雌の腹部をもっていくと，雄はタッピングを行う．すると，タッピングの直後，外側原大脳で Ca^{2+} が一過性に増大するのが観測されたのである（図

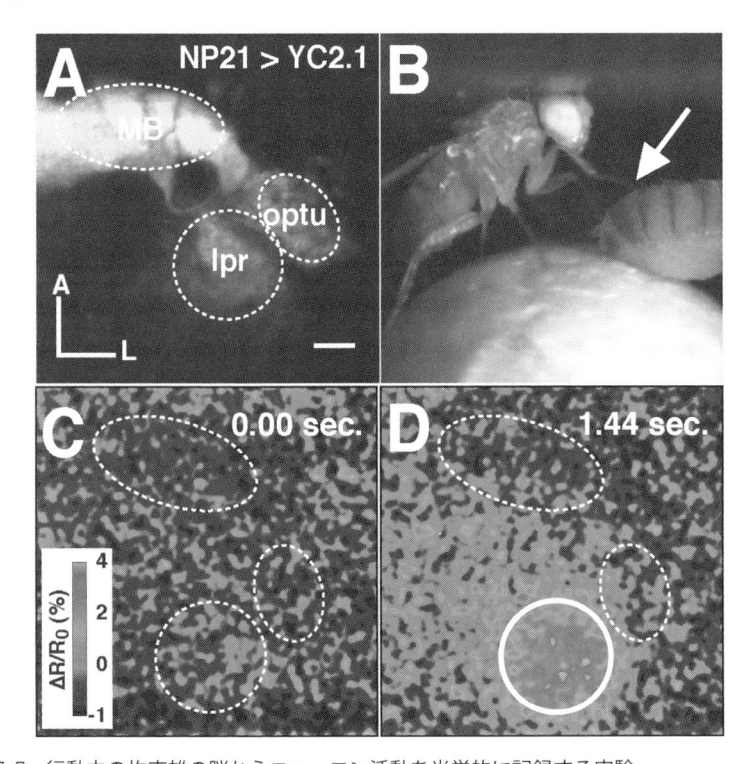

図 7・7　行動中の拘束雄の脳からニューロン活動を光学的に記録する実験
A : yellow cameleon 由来の蛍光（YFP）が，拘束雄脳のキノコ体（MB），外側原大脳（lpr），視結節（optu）の各部位に検出される．B : 光学的記録条件下で雌を前脚で触る拘束雄．C, D : 雌を触った後，拘束雄の脳に一過性に生じる興奮（Ca^{2+} 濃度の上昇）を疑似カラー表示したもの．実線の円の内側（実際の写真では濃い暖色）が強く興奮している．外側原大脳に特異的に興奮が起こっている．接触後の経過時間（秒）を右上に表示．MB : キノコ体，optu : 視結節，lpr : 側角，ROI : 測定部位，M : 内側，A : 前方 [7-6].

7·7) [7-6]. しかし，すぐ隣接する視結節やキノコ体からは，タッピングに対応した Ca^{2+} 濃度の上昇は観察されなかった．外側原大脳の Ca^{2+} 応答は，拘束雄に処女雌ではなく雄の腹部を触らせたときにも記録できるが，応答のサイズは有意に小さい．また，ガラス棒に処女雌体表あるいは雄の体表のヘキサン抽出物をつけて雄に触らせた場合も，Ca^{2+} 応答が外側原大脳に発生した．処女雌に雄の性行動を抑制するフェロモンの cVA を塗布すると，Ca^{2+} 応答は塗布していない場合と比べて有意に小さくなった．

これらの結果は，外側原大脳の Ca^{2+} 応答が機械的刺激によってではなく主に化学的刺激によって生じたものであることを示している．

7.3.3　雌のタッチによって興奮するニューロンを突き止める

外側原大脳は，P1 クラスターのニューロンが多数の樹状突起を広げている部位にあたる．しかし，ここには P1 クラスター以外の *fru* 発現ニューロンも神経突起を伸ばしているので，雌の腹部をタッピングしたときに Ca^{2+} 応答を示すのが P1 クラスターのニューロンなのか，それ以外のニューロンなのかは，判断がつかない．

この点に決着をつけるため，古波津は MARCM 法を使って yellow cameleon の発現が起こるニューロンをごく少数の *fru* 発現ニューロンに限定し，その上で拘束雄での Ca^{2+} イメージング実験を行ったのだ．Ca^{2+} イメージングで脳の活動を記録した後に脳を摘出し，yellow cameleon を発現する MARCM クローンがどのニューロンクラスターに生じていたのかを決定する．記録した Ca^{2+} 応答は，そのニューロンクラスターから得られたわけである．

この神業的実験の結果，6 頭の拘束雄の P1 クラスターから Ca^{2+} 応答をとることができ，そのすべてがタッピングによって発生したのであった．こうして，P1 クラスターのニューロンが雄に性行動を引き起こす刺激によって興奮し，性行動を抑制する刺激はそれに拮抗することが明らかになったのである．

7.3.4 求愛相手なしで雄に求愛行動を始めさせることに成功

では，P1クラスターのニューロンが活動すれば，雄は性行動を始めるのだろうか．ニューロンを人為的に興奮させる古典的な方法は，電気刺激を与えるというものだが，その効果を特定のニューロンに限定するには，細胞内に電極を刺入しなければならず，中枢ではなかなか困難である．

これに代わる技術として，$P2X_2$ チャネルとケージ入り ATP とを組み合わせ，ニューロンに光を当てて活性化する方法をすでに紹介した．この方法の弱点は，ケージ入り ATP の注入が必要なため，それによるダメージが予想されることである．

その後，非侵襲的なツールが開発された．それは温度感受性チャネルのdTrpA1（高温で開く）やTRPA8（低温で開く）を特定のニューロンに強制発現させ，温度を上げたり下げたりすることによってそのニューロンの活動をオン・オフするという手法である．これならば，個体に外科的な操作をする必要がまったくない．

山元グループの小金澤は，すべての fru 発現ニューロン（正確には，fru^{NP21} によって GAL4 が発現している全細胞）に dTrpA1 を発現させて温度

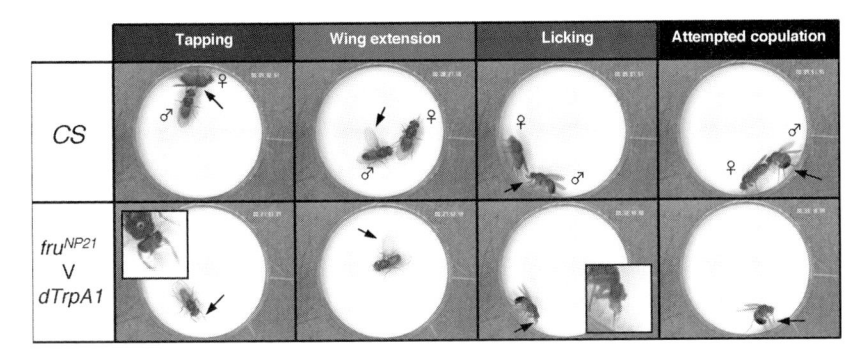

図 7・8　正常な性行動と fru 発現ニューロンの強制活性化で生じる性行動
　　強制的な fru 発現ニューロンの活性化（下段）によって正常な性行動（上段）と区別のつかない行動が引き起こされる．Tapping：タッピング，Wing extension：片翅でのラブソング発生，Licking：リッキング，Attempted copulation：交尾試行 [7-6].

を 20°C から 30°C にシフトさせると，雄が自分一人しかそこにいないにもかかわらず，まるで雌がいるかのように求愛を開始し，タッピング，リッキング，片翅振動によるラブソング発声，交尾試行のすべての動作をくり返し行うことを発見した（図 7・8）[7-6]．単独の雄に性行動を起こさせるこの実験を single male assay と命名した．

7.3.5 どのニューロンがどの行動に必要なのかを決定する

さらに小金澤は，dTrpA1 を MARCM クローンに限定することで少数の fru 発現ニューロンだけを温度シフトによってオン・オフし，そのときに現れる行動と TrpA1 を発現させたニューロングループとの相関を調べた．

その結果，片翅振動はニューロングループのうち P1, AL5a, P2b, P4b, AL1 のいずれかのクラスターを強制的に活性化したときに有意に高い確率で出現し，タッピングは P1, P2b, aSP1 クラスターのいずれかを強制的に活性化したときに有意に高い確率で出現した．注目されるのは，P1 と P2b の二つの介在ニューロンクラスター（表紙写真）が，片翅振動とタッピングの両方の出現と相関を示したことである．このことから，P1 クラスターと P2b クラスターは性行動をまるごと開始させる司令的機能の持ち主ではないかと推論される．

P1 クラスターは，いくつかの異なるアプローチによってくり返し雄型の性行動を開始させるニューロン集団であることが示唆されていた（図 6・2 参照）．一方，P2b クラスターはここで初めて登場するニューロン集団である．P2b クラスターのニューロンは外側原大脳に樹状突起をもち，下行性の軸索を胸部神経節に伸ばして各胸部体節の神経突起叢に終末をつくっている．胸部神経節は，ラブソングを出すための運動出力形成回路がある場所なので，P2b クラスターのニューロンは脳の司令中枢から胸部の運動出力形成回路へ，性行動の開始シグナルを伝える働きをしていると考えると理解しやすい．

つまり，性行動を始めるという意志決定をするのは P1 クラスターで，その司令を胸部神経節へと伝えるのが P2b クラスターという仮説である．そ

のため，tra^1 変異を使って雌で P2b クラスターを雄化しても，雄特異的 P1 クラスターが雌につくられない限り，雄型の性行動を始めさせるのは困難なのだろう．一方，P2b クラスターが強制的に活性化されると，自然の条件で P1 クラスターの司令を受けて P2b クラスターが活性化されたときと同様に，雄型の性行動が開始されるはずである．

7.3.6 半世紀にわたる Fruitless の研究の末につながった遺伝子 - 細胞 - 行動

こうして，雄が両性愛行動を示す *fru* 突然変異体が 1963 年に分離されておよそ半世紀の歳月を経た今，その変異原因遺伝子 *fru* の研究によって，性行動をつくりあげる神経経路の骨格部分が次第に明らかとなってきた．その経路には顕著な性差が存在し，*fru* は *dsx* とともに個々のニューロンに性的二型をつくりだすことで，神経回路に性差を賦与するのである．

おそらくニューロンの発生過程で，Fru タンパク質は他のクロマチン調節タンパク質などとともに染色体の高次構造をコントロールし，多数の標的遺伝子の転写を制御して，その細胞が雄であるか雌であるかによって違った構造をもたせるのである．実際，山元グループの伊藤弘樹らは，Fru タンパク質が Bonus という転写補助因子を介して，ヒストン脱アセチル化酵素の HDAC1，あるいはヘテロクロマチン関連タンパク質の HP1a と複合体を形成することを示し，これらの複合体が染色体に 100 か所ほどある標的部位に結合することを示した [7-7]．HDAC1 はニューロンの雄化を促進し，HP1a はそれに拮抗する [7-7]．

こうして遺伝子から神経回路，そして行動へとつながる性分化の因果の糸が，ようやくたぐり出されたのである．

8章

ハエとヒトの遺伝子と脳と行動

　脊椎動物の脳にも性差がある．たとえばラットでは，本能行動の中枢である視床下部のいくつもの神経核でその大きさに性差があることが報告されており，出生前後の臨界期に高濃度の男性ホルモン（テストステロン）に脳がさらされたかどうかがその決定要因であるとされている．ヒトの場合は，そうした性差のある神経核の中に，性指向性（異性愛か同性愛か）や性自認（自覚的性）に対応した変化を示すものが存在する．家系分析などによって，ヒトの性指向性や性自認に遺伝的基盤の存在が示唆されており，遺伝子 - 脳の性分化 - 性行動のつながりを理解する上で，ショウジョウバエで得られた概念的枠組みがここでも有効であるかもしれない．脊椎動物の性は，循環性のホルモンに依存した細胞非自律的機構によって，一方昆虫の性は個々の細胞の染色体構成に基づく細胞自律的機構によって決まるとする二分律の妥当性に疑問を抱かせる成果が最近増えつつあり，性決定を巡る両者の間の溝は，次第に埋まりつつある．

8.1　脊椎動物の脳の性的二型

8.1.1　脳の性差の一般性

　ニューロンの性分化と行動の性差の仕組みがショウジョウバエで明らかになってきたが，その知見は他の動物，そしてヒトの脳と行動の性差の理解にどのように貢献できるであろうか．

多くの脊椎動物で脳の性差の存在が知られている．とくにラットではロジャー・ゴースキー（Roger Gorski）をパイオニアとして古くから研究されており，本能行動の中枢がひしめく視床下部でとくに顕著である [8-1]．たとえば，第3脳室に寄り添うように存在する性的二型核は雌に比べ雄では5倍ほどの体積がある（図8・1）．この性差の一因は，雌で生じる予定細胞死であるという．

興味深いことに，雄の精巣を出生後3日までに除去すると，成体になった去勢雄の性的二型核は雌と同じ程の大きさにしかならない．しかし去勢雄であっても，出生後3日までに男性ホルモンのテストステロン入りのカプセルを脳に埋め込んでホルモンの作用にさらすと，成長後，性的二型核は正常な雄の大きさになる．出生後3日を過ぎてからのテストステロン投与はまったく無効である．また，出生後3日以内の雌にテストステロンを処理すると，成体となったこの雌は雄並みの大きな性的二型核をもつようになる．

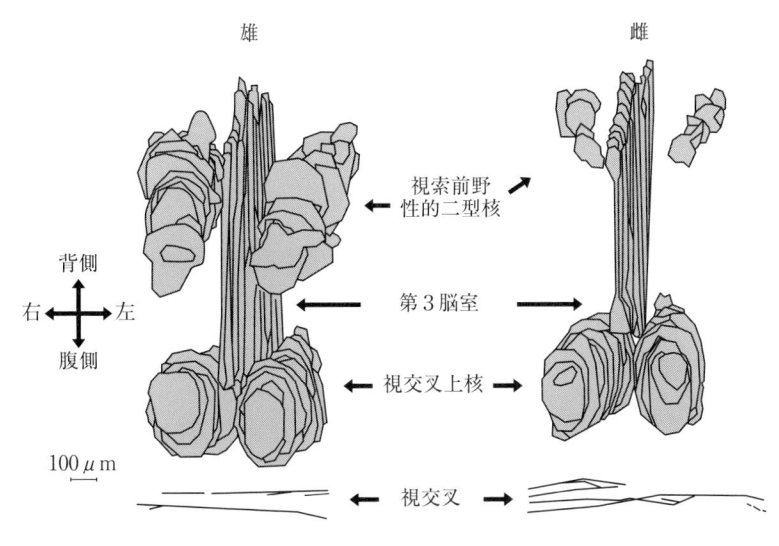

図8・1　ラット視床下部の性的二型核
（引用文献 [2-2] を改変）

8.1.2　細胞自律的性決定と細胞非自律的性決定

　結局，脳の性差をつくりだす主因は，げっ歯類では周生期のテストステロンの存否であるとされている．このテストステロンは胎仔（新生仔）自身の精巣から分泌され，血液循環に乗って脳に達し，そこでニューロンに働きかけると考えられてきた．テストステロンが機能を発揮できるのはラットの場合は出生後3日までで，この期間を臨界期という．

　このように循環性のホルモンによって性が決まることは，細胞一個一個がその遺伝子型によって性決定を受けるショウジョウバエの対極にあると考えられてきた．ショウジョウバエなどの昆虫では性が細胞自律的に決定され，脊椎動物では性が細胞非自律的に決定される，というように一般化されている．この一般化の妥当性については後に論議するとして，ではこのような哺乳類脳の神経核の性的二型は行動とどのように関係しているのであろうか．

8.1.3　哺乳類の脳の性的二型は行動とどう関係するのか

　ラットの雄の性的二型核を破壊しても通常，性行動は損なわれない．しかし，たとえば雄をひもで拘束して負荷をかけた条件に置くと，性的二型核を破壊された雄は性行動がある程度障害される．このように，顕著な解剖学的性差を示すわりには，性的二型核の性行動に果たす役割はさほど明確とは言えない．

　一方，周生期にテストステロン投与した雌は，他の雌にマウントして雄様の性行動を示す頻度が高まる．

8.1.4　哺乳類でのフェロモン情報処理

　げっ歯類を含む多くの哺乳類では，鼻孔内に通常の匂いを感知する嗅上皮の他に，フェロモンに特化した受容器官である鋤鼻器がある．鋤鼻器に存在するフェロモン受容体発現ニューロンは，副嗅球へと伸び，そこから視床下部，扁桃体へと情報は送られて，性行動の制御に利用される．

　これに対して普通の匂いは，嗅上皮の嗅受容ニューロンを介して嗅球，さ

らに大脳皮質へと送られる．このように，フェロモンと普通の匂いの情報処理は画然と区別されるのである．

なお，鋤鼻器のフェロモン受容ニューロンに興奮を引き起こす働きを担うイオンチャネル，TRPC2 をノックアウトされたマウスの雌は，他の雌に対して雄様の性行動を示すようになることが，キャスィー・デュラ（Catherine Dulac）のグループから報告されている [8-2]．

つまり，脳内には異性の性行動様式を実行する神経システムが備わっていることになり，ショウジョウバエの性モザイク雌から得られた結論と一致する．

ヒトの性フェロモンは確定こそしていないが，男性が分泌する 5α-androst-16-en-3-one（AND），女性が分泌する estra-1,3,5(10),16-tetraen-3-ol（EST）はその有力候補物質である．

脳の fMRI や PET による活動記録によって，同性の出すとされるフェロモン候補物質をかいだときには大脳の嗅覚野に興奮が起こり，異性のフェロモン候補物質は視床下部に興奮を引き起こすことがイワンカ・サヴィック（Ivanka Savic）らによって報告されている [8-3]．さらに，同性愛者の場合には同性のフェロモン候補物質によって視床下部が興奮し，異性のフェロモン候補物質によって大脳嗅覚野が興奮するという [8-3, 8-4]．

このことは，末梢からの感覚情報の処理に関わる神経路に，性指向性に対応した変化が生じていることを示唆しており，ショウジョウバエの触角葉糸球体の性差や，味覚系フェロモン情報を処理する性的二型 mAL 介在ニューロンに見られる，性による神経接続の相違とのアナロジーが示唆的である．

8.1.5　ヒトの脳の性差と性指向性，性自認の関係

ヒトの視床下部にも，ほぼ対応する位置に性的二型を示す神経核がある．間質第 3 核がそれで，男性の神経核は女性に比べて 2.5 倍の大きさをもつ．視覚生理学者で後にみずからゲイ・ムーブメントに参画したサイモン・ルベイ（Simon LeVay）[8-1] は，剖検脳の組織観察から，ゲイ（同性愛）の男性ではストレート（異性愛）の男性とは異なり，この神経核が女性の平均的な

サイズであることを発見した．性指向性と相関した変化は，視床下部の視交叉上核についても知られている．

一方，性自認と相関する脳の神経核として知られるのが，分界条床核である．この核はげっ歯類で雄の性行動に関与することが知られている．分界条床核も女性に比べて男性で有意に大きいが，男性から女性に性転換したヒト（性同一性障害のうち，性転換手術を受けた者）では，女性と同様の大きさであることをオランダのディック・スワーブ（Dick F. Swaab）が報告している [8-5]．

性自認や性指向性に相関した脳神経核の形態的違いや性差が，行動の違いの原因なのか結果なのか，その両方なのか，ヒトについては明確にするすべはないといってよい．しかし，脳の部位特異的に性差や性指向性，性自認に対応した差があり，その少なくとも一部が性に依存した予定細胞死によって生じる点は，ショウジョウバエでの発見と符合している．

8.1.6 ヒトの性指向性と遺伝子

また，男女の性指向性に遺伝的背景が強く関与することが，双生児研究によってくり返し見いだされており，ヒトにおいても性愛の対象選択が遺伝的に規定された脳の働きに大きく依存することは明らかと思われる．有性生殖が遺伝的に規定されていることからすれば，これは当然とも言える．

fruitless 遺伝子のヒト相同遺伝子（ZBTB9-001）が最近になって第6染色体上に同定されたが，その遺伝子がこうした性に関係した脳の違いの形成に関与するか否かは，現在のところまったく不明である．性ホルモンの受容体遺伝子などを別にすると，どのような遺伝子がヒトの脳の性分化に関わるのかはほとんどわかっていないが，ショウジョウバエの *fruitless* に似た機能を果たす遺伝子の存在を想定することも可能であろう．

8.2 細胞自律的性決定と細胞非自律的性決定

8.2.1 鳴鳥の性モザイク研究

　脊椎動物の性決定は循環性ホルモンによる細胞非自律的機構に基づいており，昆虫の性決定が細胞自律的な遺伝子機構に依存することと対照的であると，これまで強調されてきた．しかし脊椎動物でも鳥類においては，まれに性モザイク個体が得られ，そうした個体の頭部はモザイク境界に沿って雌（ZW）の細胞と雄（ZZ）の細胞とが隣り合って並んでいることが，羽毛の性差からはっきりと見て取れる．

　性モザイクの鳥では，W染色体マーカーで染めると脳内で雄細胞と雌細胞が隣り合って並び，性の境界線が生じているのがわかる（図8・2）[8-6]．鳴鳥類では雄のみがさえずり，雄固有の歌神経回路がそれを支える．性モザイクの鳥個体では，脳の片側にこの回路が形成され，それだけでさえずりが可能になる．ショウジョウバエの雄型性行動を生み出すP1クラスターが，片側あれば十分機能を果たすのとよく似ている．

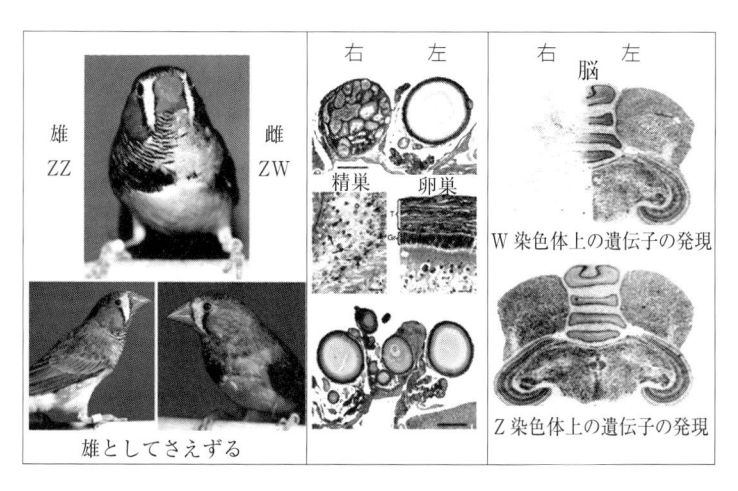

図8・2　性モザイクのフィンチ
　左：羽毛パターンの性モザイク，中央：生殖腺も右は精巣，左は卵巣．右：脳の性をW染色体マーカー遺伝子の発現で見ると，性モザイク境界が鮮明にわかる [8-6]．

古くから，カナリアの雌の脳にテストステロン入りカプセルを埋め込むと雄型の脳が形成されてさえずるようになることが知られている．また，カナリアの雄では，生殖腺ばかりでなく，脳の細胞がテストステロンを合成するとされている．とはいえ，鳥の脳の性差がテストステロン（などの性ホルモン）にことごとく依存するものかどうかは検討の余地がありそうに思われる．

8.2.2 ニワトリでの細胞自律的性決定の発見

さらに最近，ニワトリの予定中胚葉組織を雌雄の胚で交換移植する実験が行われた [8-7]．その結果生じた雌雄キメラの生殖巣では哺乳類とは異なり，たとえば雄のホストに移植された雌のドナー細胞は精巣の中にあっても雌のマーカーを発現し続けたのである．これは，体細胞の性決定が鳥類では細胞自律的に起こることを示唆している．この発見は，細胞自律的性決定と細胞非自律的性決定は，ともに脊椎動物と昆虫に認められ，両動物群の性決定様式を区別する違いではないことを教えている．

ショウジョウバエにおいても，*fru* 発現運動ニューロンによってローレンス筋が誘導される現象は細胞非自律的性決定の例であり，同様の誘導による性の決定は，生殖器の形成でも知られている．結局，細胞自律的な機構と細胞非自律的な機構とがどちらの生物群でも併用されており，その力点の置き方に種ごとの違いがあると考えたほうが良さそうである．

8.3 性の進化

8.3.1 性を巡る進化的保存と多様性

分子レベルで性決定をとらえたときにも，種ごとの多様性に惑わされがちである．たとえば同じ"ハエ"であってもイエバエではY染色体上の雄決定因子が重要であるとされ，雌決定因子の Sxl が主要な性決定因子となっているキイロショウジョウバエとはまるで異なる．この *Sxl* 遺伝子自体はイエバエやその他の昆虫で保存されているが，性決定には関与していないことが多

く，おそらく，キイロショウジョウバエでも知られているように，神経発生に寄与しているのだろう．

同じ双翅目昆虫と言えどもこのように違っているのだから，ショウジョウバエの性決定に関わる分子群とその他の動物での性決定分子群との間には，何の類似性もないと思うのは自然であるし，事実，10年ほど前まではそう考えられていた．

ところが，まず線虫でDsxと一部共通のドメイン（DMドメインと命名された [8-8]）をもつ転写因子タンパク質が性決定カスケードの末端（出口）に関与することがわかった．それまで，線虫の性決定は脊椎動物の性決定機構ともショウジョウバエの性決定機構とも類似点はないと思われていたのである．それから数年のうちに，メダカの生殖細胞で，DMドメインタンパク質が性決定に関与するという発見が，長濱嘉孝らによってなされたのである [8-9]．

ショウジョウバエの *tra2* のホモログは古くからヒトで同定されていたが，さらに最近，*fruitless* ホモログがヒトで同定されたことはすでに述べた通りである．

8.3.2　性の柔軟性の起源についての一推理

雌と雄という性の存在は生物界に広く認められ，進化的に強く保存されているかに見えるが，分子レベルで見るとこのように驚くべき多様性を包含している．あくまで私見であるが，これは進化史の中で，性がくり返し失われ，そして再建されるという経過をたどったためではないだろうか．

たとえばアリマキなどの昆虫は，有性生殖世代と単為生殖世代を交代するようにプログラムされている．有性生殖は個体群サイズが十分に大きければ，遺伝子プールの多様性を増す効率的な手段であり適応的だろう．たとえばいろいろな病気に耐性を示す遺伝子を集団に取り込んでいくことができる．しかし，個体群サイズが縮小したときには，交配する相手に巡り会うチャンスが減り，滅亡の危機を招く．

こんなとき，単為生殖可能な個体がいると，またたく間にその性質は個体群中に広がっていくだろう．そうなると，性決定機構の部品の多くは使われることがなくなり，淘汰圧がかからないために，機能を喪失したり失われたりするだろう．単為生殖する個体は，われわれの直感に反して比較的簡単に生ずると思われる．実際，ショウジョウバエの中には恒常的に単為生殖するものがあり，キイロショウジョウバエでも単為生殖の突然変異系統が知られているからだ．

　そして再び個体群サイズが大きくなると有性生殖がより適応的となり，機能しなくなったかつての性決定分子ではなく，雌雄の違いをつくるために使える"適当な道具立て"を活用して，性の復活を果たすだろう．こんな過去が，現在の動物界に見られる性決定機構の分子的多様性を生み出したと想像してみたい．

　このような動的なプロセスが現在の動物，そしてヒトの性決定にも働いており，それは性自認，性指向性，その他，性差に連なる行動や意識の多様性を生む基盤となっている，そう考えられないだろうか．そんな生物学的性の解明は，まだ始まったばかりだ．その理解を目指して，多くの若い諸君が研究に参画してくれることを祈って，本書を終わりたい．

引用文献

1章

[1-1] Morgan, T. H. (1910) Science **32**, 120-122.
[1-2] Sturtevant, A. H. (1911) Science **37**, 990-992.
[1-3] Sturtevant, A. H. (1913) J. Exp. Zool. **14**, 43-59.
[1-4] Jacobs, M. E. (1960) Ecology **41**, 182-188.
[1-5] Dow, M. A. and von Schilcher, F. (1975) Nature **254**, 511-512.
[1-6] Greenspan, R. J. (2008) Curr. Biol. **18**, R192-R198.
[1-7] Carpenter, F. W. (1905) Am. Nat. **39**, 157-171.
[1-8] Anonymous (1994) The landmark interviews. J. NIH Res. **8**, 66-73.
[1-9] Anderson, D. (2008) Nature **451**, 139.
[1-10] ワトソン, J. D. 他（松原謙一 他監訳）(1988)『遺伝子の分子生物学 第4版』, トッパン, 1163pp.
[1-11] アルバーツ, B. 他（中村桂子, 松原謙一 監訳）(2002)『細胞の分子生物学 第4版』, Newton Press, 1681pp.
[1-12] 平野俊二 編 (1981)『現代基礎心理学』, 東京大学出版会, 302pp.
[1-13] Spery, R. W. (1968) The Harvey Lectures, Series 62, Academic Press, pp. 293-323.
[1-14] Benzer, S. (1967) Proc. Natl. Acad. Sci. USA **58**, 1112-1119.
[1-15] Hotta, Y. and Benzer, S. (1970) Proc. Natl. Acad. Sci. USA **67**, 1156-1163.
[1-16] Benzer, S. (1971) J. Am. Med. Asoc. **218**, 1015-1022.
[1-17] Benzer, S. (1971) Sci. Am. **229** (no. 6), 24-37.
[1-18] Konopka, R. and Benzer, S. (1971) Proc. Natl. Acad. Sci. USA **68**, 2112-2116.
[1-19] Quinn, W. G. *et al.* (1974) Proc. Natl. Acad. Sci. USA **71**, 708-712.
[1-20] Dudai, Y. *et al.* (1976) Proc. Natl. Acad. Sci. USA **73**, 1684-1688.
[1-21] Jackson, D. A., Symons, R. H. and Berg, P. (1972) Proc. Natl. Acad. Sci. USA **69**, 2904-2909.
[1-22] Tanaka, T., Weisblum, B., Schnos, M. and Inman, R. B. (1975) Biochemistry **14**, 2064-2072.
[1-23] Glover, D. M., White, R. L., Finnegan, D. J. and Hogness, D. (1975) Cell **5**,

149-157.

2章

[2-1] Rubin, G. M. and Spradling, A. C. (1982) Science **218**, 348-353.
[2-2] 山元大輔 (1994)『本能の分子遺伝学』，羊土社，124pp.
[2-3] Cooley, L., Kelly, R. and Spradling, A. C. (1988) Science **239**, 1121-
[2-4] Rubin, G. M. (1988) Science **240**, 1453-1459.
[2-5] O'Kane, C. J. and Gehring, W. J. (1987) Proc. Natl. Acad. Sci. USA **84**, 9123-9127.
[2-6] Brand, A. H. and Perimon, N. (1993) Development **118**, 401-415.
[2-7] Bargiello, T. S. et al. (1984) Nature **312**, 752-754.
[2-8] Marder, E. et al. (2007) J. Neurogenet. **21**, 169-182.
[2-9] Reddy, P. et al. (1984) Cell **38**, 701-710.
[2-10] Bargiello, T. S. et al. (1987) Nature **328**, 686-691.
[2-11] Zerr, D. M. et al. (1990) J. Neurosci. **10**, 2749-2762.
[2-12] Hardin, P. E. et al. (1990) Nature **343**, 536-540.
[2-13] Huang, Z. J., Edery, I. and Rosbash, M. (1993) Nature **364**, 259-262.
[2-14] King, D. P. et al. (1997) Cell **89**, 641-653.
[2-15] Tei, H. et al. (1997) Nature **389**, 512-516.
[2-16] 岡村 均ほか (1999) Molecular Medicine **36**, 1102-1109.
[2-17] Schilcher, F. von (1967) Anim. Behav. **24**, 18-26.
[2-18] Kyriacou, C. P. and Hall, J. C. (1984) Nature **308**, 62-65.
[2-19] 山元大輔 (1992) Cell Science **8**, 33-42.
[2-20] Yu, Q. et al. (1987) Nature **326**, 765-769.
[2-21] Wheeler, D. A. et al. (1991) Science **251**, 1082-1085.

3章

[3-1] 大島長造（編）(1974)『昆虫の行動と適応』，培風館，p115-136.
[3-2] Sturtevant, A. H. (1929) Zeit. Wiss. Zool. **135**, 323-356.
[3-3] Whiting, P. (1932) J. Comp. Psychol. **14**, 345-363.
[3-4] Hotta, Y. and Benzer, S. (1972) Nature **240**, 527-535.
[3-5] Hall, J. C. (1979) Genetics **92**, 437-457.
[3-6] Schilcher, F. Von and Hall, J. C. (1979) J. Comp. Physiol. **129**, 85-95.

[3-7] Tompkins, L. and Hall, J. C. (1983) Genetics **103**, 179-195.
[3-8] Ferveur, J.-F. *et al.* (1995) Science **267**, 902-905.
[3-9] Bruyne, M. de, Foster, K. and Carlson, J. R. (2001) Neuron **30**, 537-552.
[3-10] Kondoh, Y. *et al.* (2003) Proc. R. Soc. Lond. B **270**, 1005-1013.
[3-11] Broughton, S. J. *et al.* (2004) Curr. Biol. **14**, 538-547.
[3-12] Wu, C.-F., Ganetzky, B., Haugland, F. N. and Liu, A.-X. (1983) Science **220**, 1076-1078.
[3-13] Suzuki, D. T. (1970) Nature **170**, 695-706.
[3-14] Ikeda, K., Ozawa, S. and Hagiwara, S. (1976) Nature **259**, 489-491.
[3-15] Kitamoto, T. (2002) Proc. Natl. Acad. Sci. USA **99**, 13232-13237.
[3-16] Ito, K. *et al.* (1998) Learn. Mem. **5**, 52-77.
[3-17] Heimbeck, G., Bugnon, V., Gendre, N., Keller, A. and Stocker, R. F. (2001) Proc. Natl. Acad. Sci. USA **98**, 15336-15341.
[3-18] Sweeney, S. T. *et al.* (1995) Neuron **14**, 341-351.
[3-19] Sakai, T. and Kitamoto, T. (2006) J. Neurobiol. **66**, 821-834.

4章

[4-1] Hall, J. C. (2002) J. Neurogenet. **16**, 135-163.
[4-2] Gill, K. S. (1963) Amer. Zool. **3**, 507.
[4-3] Hall, J. C. (1978) Behav. Genet. **8**, 125-141.
[4-4] Schaner, A. M. *et al.* (1989) J. Insect Physiol. **35**, 341-345.
[4-5] Tompkins, L. *et al.* (1980) J. Insect Physiol. **26**, 689-697.
[4-6] Gailey, D. *et al.* (1982) Genetics **102**, 771-782.
[4-7] Gailey, D. and Hall, J. C. (1989) Genetics **121**, 773-785.
[4-8] Jallon, J.-M. (1984) Behav. Genet. **14**, 441-478.
[4-9] Legendre, A. *et al.* (2008) Insect Biochem. Mol. Biol. **38**, 244-255.
[4-10] Cobb, M. and Ferveur, J.-F. (1996) Behav. Process **35**, 35-54.
[4-11] Lawrence, P. A. and Johnston, P. (1984) Cell **36**, 775-782.
[4-12] Billeter, J.-C. *et al.* (2006) Curr. Biol. **16**, R766-R776.
[4-13] Nojima, T. *et al.* (2010) Curr. Biol. **20**, 836-840.
[4-14] Taylor, B. (1992) Genetics **132**, 179-191.
[4-15] Tei, H. *et al.* (1992) Proc. Natl. Acad. Sci. USA **89**, 6856-6860.

[4-16]　Miyamoto, H. *et al.* (1995) Genes Devel. **9**, 612-625.
[4-17]　Nakano, Y. *et al.* (2001) Mol. Cell. Biol. **21**, 3775-3788.
[4-18]　Ito, H. *et al.* (1996) Proc. Natl. Acad. Sci. USA **93**, 9687-9692.
[4-19]　Ryner, L. *et al.* (1996) Cell **87**, 1079-1089.
[4-20]　Usui-Aoki, K. *et al.* (2000) Nature Cell Biol. **2**, 500-506.
[4-21]　Lee, G. *et al.* (2000) J. Neurobiol. **43**, 404-426.
[4-22]　Demir, E. and Dickson, B. J. (2005) Cell **121**, 785-794.
[4-23]　Stockinger, P. *et al.* (2005) Cell **121**, 795-807.
[4-24]　Rong, Y. S. and Golic, K. G. (2000) Science **288**, 2013-2018.
[4-25]　Manoli, D. *et al.* (2005) Nature **436**, 395-400.
[4-26]　吉川　寛，堀　寛 編（2009）『研究をささえるモデル生物』，化学同人，p.108-119.

5章
[5-1]　Carson, H. L. (1997) J. Hered. **88**, 343-352.
[5-2]　北川　修（1991）『集団の進化』，東京大学出版会，131pp.
[5-3]　Jefferis, G. S. X. E. *et al.* (2007) Cell **128**, 1187-1203.
[5-4]　Butterworth, F. M. (1969) Science **163**, 1356-1357.
[5-5]　Jallon, J.-M. *et al.* (1981) C. R. Acad. Sci. Paris **292**, 1147-1149.
[5-6]　Kurtovic, A. *et al.* (2007) Nature **446**, 542-546.
[5-7]　Ejima, A. *et al.* (2007) Curr. Biol. **17**, 599-605.
[5-8]　Aigaki, T. *et al.* (1991) Neuron **7**, 557-563.
[5-9]　Hasemeyer, M. *et al.* (2009) Neuron **61**, 511-518.
[5-10]　Yang, C.-h. *et al.* (2009) Neuron **61**, 519-526.
[5-11]　Lee, T. and Luo, L. (1999) Neuron **22**, 451-461.
[5-12]　Kimura, K.-i. *et al.* (2005) Nature **438**, 229-233.
[5-13]　Strausfeld, N. J. (1980) Nature **283**, 381-383.
[5-14]　Nature **438**, 10 November 2005 issue.

6章
[6-1]　Kimura, K.-i. *et al.* (2008) Neuron **59**, 759-769.
[6-2]　Clyne, J. D. and Miesenböck, G. (2008) Cell **133**, 354-363.

[6-3]   Bray, S. and Amrein, H. (2003) Neuron **39**, 1019-1029.
[6-4]   Ejima, A. and Griffith, L. C. (2008) PLoS ONE **3**, e3246.
[6-5]   Kamikouchi, A. *et al*. (2006) J. Comp. Neurol. **499**, 317-356.
[6-6]   Miyamoto, T. and Amrein, H. (2008) Nature Neurosci. **11**, 874-876.
[6-7]   Koganezawa, M. *et al*. (2010) Curr. Biol. **20**, 1-8.
[6-8]   Moon, S. J. *et al*. (2009) Curr. Biol. **19**, 1623-1627.
[6-9]   Isono, K. and Morita, H. (2010) Frontiers Cell. Neurosci. **4**, doi:10.3389/fncel.2010.00020.
[6-10] Buck, L. and Axel, R. (1991) Cell **65**, 175-187.
[6-11] Haga, S. *et al*. (2010) Nature **466**, 118-122.
[6-12] Dickson, B. J. (2008) Science **322**, 904-909.
[6-13] Lacaille, F. *et al*. (2007) PLoS ONE **2**, e661.
[6-14] Morita, H. and Yamashita, S. (1961) Science **130**, 922.
[6-15] Possidente, D. R. and Murphey, R. K. (1989) Devel. Biol. **132**, 448-457.
[6-16] Mellert, D. J. *et al*. (2010) Development **137**, 323-332.
[6-17] Masse, N. Y. *et al*. (2009) Curr. Biol. **19**, R700-R713.
[6-18] Benton, R. *et al*. (2009) Cell **136**, 149-162.
[6-19] Grosjean, Y. *et al*. (2011) Nature **478**, 236-240.
[6-20] Datta, S. R. *et al*. (2008) Nature **452**, 473-477.
[6-21] Cachero, S. *et al*. (2010) Curr. Biol. **20**, 1589-1601.
[6-22] Yu, J. Y. *et al*. (2010) Curr. Biol. **20**, 1602-1614.
[6-23] Hawley, R. S., Walker, M. Y.（芹沢宏明 訳）(2005)『バイオ研究に役立つ一歩進んだ遺伝学』，羊土社，268pp.
[6-24] 山元大輔（1997）『脳と記憶の謎』，講談社現代新書，236pp.
[6-25] 内薗耕二（1967）『生体の電気現象』，コロナ社，278pp.

7 章

[7-1]   ツーパンク，G. K. H.,（山元大輔 訳）(2007)『行動の神経生物学』，シュプリンガー・ジャパン，276pp.
[7-2]   山元大輔（1986）植物防疫 **40**, 246-252.
[7-3]   シェパード，G.,（山元大輔 訳）(1990)『ニューロバイオロジー』，学会出版センター，571pp.

[7-4]　Ikeda, K. and Kaplan, W. D. (1974) Am. Zool. **14**, 1055-1066.
[7-5]　Rutta, V. *et al.* (2010) Nature **468**, 686-690.
[7-6]　Kohatsu, S. *et al.* (2011) Neuron **69**, 498-508.
[7-7]　Ito, H. *et al.* (2012) Cell, in press.

8章
[8-1]　ルベイ，S.（伏見憲明 監訳）(2002)『クイア・サイエンス』，勁草書房，348pp.
[8-2]　Kimchi, T. *et al.* (2007) Nature **448**, 1009-1014.
[8-3]　Savic, I. *et al.* (2000) Neuron **31**, 661-668.
[8-4]　Berglund, H. *et al.* (2006) Proc. Natl. Acad. Sci. USA **103**, 8269-8274.
[8-5]　Zhou, J.-N. *et al.* (1995) Nature **378**, 68-70.
[8-6]　Agate, R. J. *et al.* (2003) Proc. Natl. Acad. Sci. USA **100**, 4873-4878.
[8-7]　Zhao, D. *et al.* (2010) Nature **464**, 237-242.
[8-8]　Hodgkin, J. (2002) Genes Devel. **16**, 2322-2326.
[8-9]　Matsuda, M. *et al.* (2002) Nature **30**, 559-563.

行動遺伝学における歴史年表

年	人名	研究内容とできごと	掲載章
1865年	Mendel, G. J.（メンデル）	遺伝法則を発見.	1章
1905年	Stevens, N. M.（スティーブンス）と Wilson, E. B.（ウィルソン）	性に対応して形状の異なる染色体（性染色体）の存在を甲虫やバッタで発見.	1章
1910年	Morgan, T. H.（モーガン）	複眼の色が赤から白に変わった突然変異体, *white*（*w*）の発見とその遺伝様式を発表 [1-1].	1章
1913年	Morgan, T. H.（モーガン）ら	世界初の連鎖地図を発表.	1章
1929年	Sturtevant, A. H.（スターテヴァント）	ギナンドロモルフを利用して胚のどの辺りから成虫の体の各部が形成されてくるのかを推定する方法を提唱 [3-2].	3章
1932年	Whiting, P.（ウィッティン）	寄生蜂のヒメコマユバチの性行動の型は頭部表面構造の性とよく一致することを報告 [3-3].	3章
1933年	Morgan, T. H.（モーガン）	ノーベル医学生理学賞受賞.	1章
1946年	Muller, H. J.（マラー）	ノーベル医学生理学賞受賞.	1章
1953年	Watson, J. D.（ワトソン）と Crick, F. H.C.（クリック）	DNAの二重らせん構造を提唱.	1章
1958年	Crick, F. H.C.（クリック）	セントラルドグマを提唱.	1章
1959年	森田弘道ら	味覚毛に初めて側壁記録法を適用 [6-14].	6章
1960年	Brenner, S.（ブレンナー）ら	RNA（mRNA）遺伝情報とタンパク質合成とを仲介することを発表.	1章
1961年	Nirenberg, M. W.（ニーレンバーグ）ら	U（ウラシル）だけがつながってできた人工RNAから，アミノ酸のフェニルアラニンだけのタンパク質がつくられることを発見.	1章
1962年	Watson, J. D.（ワトソン）と Crick, F. H.C.（クリック）	ノーベル医学生理学賞受賞.	1章
1963年	Gill, K.（ギル）	雄の不妊突然変異体の中に，しきりと雄に求愛する一方で雌とは交尾しない系統（*fruitless*変異体）があることを発見 [4-2].	4章

年	人名	研究内容とできごと	掲載章
1967年	Benzer, S. (ベンザー)	ショウジョウバエ集団の行動評価を向流分配法によって行ったことを発表 [1-14].	1章
1968年	Nirenberg, M. W. (ニーレンバーグ)	ノーベル医学生理学賞受賞.	1章
1969年	Delbrück, M. (デルブリュック)	ノーベル医学生理学賞受賞.	1章
1970年	Suzuki, D. (スズキ)	キイロショウジョウバエの温度感受性麻痺突然変異体, shibire を分離 [3-13].	3章
1970年	Hoyle, G. (ホイル) と Burrows, M. (バロウズ)	バッタ中枢ニューロンの細胞内記録・染色に成功し,「神経行動学」幕明けを宣言.	7章
1971年	Benzer, S. (ベンザー) と Konopka, R. (コノプカ)	サーカディアンリズムが異常になる変異体, period (per) を発表 [1-17] (変異体の報告は 1968 年 [1-18]).	1章
1972年	鈴木義昭ら	真核生物の mRNA を初めて単離.	1章
1972年	Berg, P. (バーグ)	SV40 ウイルスにラムダファージの遺伝子と大腸菌のガラクトースオペロンの DNA を組み込んだ最初の DNA 組換えを行う [1-21].	1章
1972年	堀田凱樹と Benzer, S. (ベンザー)	キイロショウジョウバエ性行動の座を体表マーカーによりモザイク解析.	3章
1973年	Lorenz, K. (ローレンツ), Tinbergen, N. (ティンバーゲン), von Frisch, K. (フォン・フリッシュ)	行動研究でノーベル医学生理学賞受賞.	1章
1974年	Quinn, W. (クイン) ら	電気ショックと匂いの連合学習システムを確立 [1-19].	1章
1975年	Hogness, D. (ホグネス) ら	プラスミドに組み込んだショウジョウバエ染色体のランダムな断片を唾腺染色体に対合させる in situ hybridization の実験を発表 [1-23].	1章
1975年		アシロマ会議で組換え DNA 実験の国際的ガイドラインが議論される.	2章
1976年	Dudai, Y. (デューダイ) ら	学習記憶障害の突然変異体第1号となる dunce を発表 [1-20].	1章
1976年	Neher, E. (ネーア) と Sakmann, B. (ザックマン)	単一イオンチャネル電流の記録を目的にパッチクランプ法を開発.	7章
1978年	Gorski, R. A. (ゴースキー)	ラット脳視索前野に性的二型核を発見.	8章

年	人名	研究内容とできごと	掲載章
1979年	Hall, J. C. (ホール)	キイロショウジョウバエ雄の性行動の座を内部マーカーによりモザイク解析.	3章
1980年	Berg, P. (バーグ)	ノーベル化学賞受賞.	1章
1980年	Strausfeld, N. J. (ストラウスフェルト)	イエバエ，クロバエの視覚系介在ニューロンに性差を発見 [5-13]	5章
1981年	Sperry, R. W. (スペリー)	ノーベル医学生理学賞受賞.	1章
1981年	Jallon, J.-M. (ジャロン) ら	キイロショウジョウバエの性フェロモンとして一連の炭化水素とcVAを同定 [4-8, 5-5].	4章 5章
1982年	Rubin, G. M. (ルビン) と Spradling, A. (スプラドリング)	最初のP因子形質転換ベクターを作製 [2-1].	2章
1984年	Young, M. W. (ヤング) ら，Hall, J. C. (ホール) ら	period遺伝子の全構造を解明 [2-7, 2-9].	2章
1987年	O'Cane, C. (オーケイン) と Gehring, W. (ゲーリンク)	エンハンサートラップ法を開発 [2-5].	2章
1988年	Spradling, A. (スプラドリング) ら	ジャンプスタート法を公表.	2章
1991年	LeVay, S. (ルベイ)	ヒトの脳視床下部に同性愛ー異性愛に相関する構造の違いを報告 [8-1].	8章
1991年	Buck, L. (バック) と Axel, R. (アクセル)	嗅受容体群を同定 [6-10].	6章
1991年	Hall, J. C. (ホール) ら	ショウジョウバエ ラブソングの種差をPerタンパク質の4アミノ酸置換にマッピング [2-21].	2章
1993年	Brand, A. (ブランド) と Perimon, N. (ペリモン)	GAL4-UASシステムを開発 [2-2].	2章
1994年	Takahashi, J. (タカハシ) ら	マウスの時計変異体を分離しClockと命名.	2章
1995年	Swaab, D. F. (スワーブ)	性転換症男性の脳の分界条床核が女性化していることを報告 [8-5]	8章
1995年	Lewis, E.B. (ルイス), Nüsslein-Volhard, C. (ニュッスライン・フォルハート), Wieschaus, E. F. (ウィーシャウス)	キイロショウジョウバエの形態形成研究によりノーベル医学生理学賞受賞.	1章
1996年	山元大輔ら, Baker, B. S. (ベイカー) ら	fru遺伝子クローニングに成功 [4-18, 4-19].	4章

年	人名	研究内容とできごと	掲載章
1997年	Takahashi, J. (タカハシ) ら	Clock 遺伝子のクローニングと正常型遺伝子の導入・発現による変異体表現型の救済を発表 [2-14].	2章
1997年	程 肇ら	ショウジョウバエの period とそっくりの遺伝子をラットやヒトからクローニングし，さらに哺乳類の体内時計の座，視床下部視交叉上核においてその mRNA 量が約 24 時間周期の自由継続リズムを示して変動することを示した [2-15].	2章
1999年	Lee, T. (リー) と L. Luo (ルオ)	ニューロンのうち一個から数十個だけを標識・操作する MARCM（Mosaic Analysis with a Repressible Cell Marker）を開発 [5-11].	5章
2000年	Golic, K. G. (ゴーリック) ら	キイロショウジョウバエで相同組換えによる遺伝子ノックアウトに成功.	4章
2000年	Venter, J. C. (ベンター) ら	キイロショウジョウバエの全ゲノム配列決定.	5章
2002年	Brenner, S. (ブレンナー)	ノーベル医学生理学賞受賞.	1章
2003年	木村賢一，山元大輔ら	ショウジョウバエの単一ニューロンに明確な性差があることを発表 [3-10].	5章
2004年	Axel, R. (アクセル) と Buck, L. (バック)	ノーベル医学生理学賞受賞.	6章
2005年	Dickson, B. J. (ディクソン)	fru 遺伝子改変により，キイロショウジョウバエ雄に雌の性行動をさせることに成功 [4-22].	4章
2008年	Clyne, D. (クライン) と Miesenböck, G. (ミーゼンベック)	$P2X_2$ チャネルを使って fru 発現ニューロンを活性化する実験を発表 [6-2].	6章

索 引

人名には＊を付けた．

記号，数字
γアミノ酪酸 145
3′非翻訳領域 87
3次元再構成 110
5′非翻訳領域 87
7,11-heptacosadiene 117
7,11-nonacosadiene 117
7-pentacosene（7-P） 81
7-T 79, 150
7-tricosene 79, 117, 150
7回膜貫通型タンパク質 142

アルファベット

B, C
basic Helix Loop Helix（bHLH） 45
BTBドメイン 98
Ca^{2+} 71
Ca^{2+}イメージング 171, 173, 174
Ca^{2+}応答 174
Ca^{2+}平衡電位 162
cDNAライブラリー 39
chaste 94
cis-vaccenyl actate 118
Clock 47
croaker 93
cVA 118, 119, 151, 153, 155, 170, 172, 174

D
decamping 57
DNA組換え 30, 31
dnc 28
domineering 61, 66, 136
Doublesex 137
doublesex（dsx） 90
Dsx 99, 138, 141, 185
dsx 88, 142, 151, 177
DsxF 90
DsxM 90
dTrpA1 175, 176
dunce 28
Dynamin 71

E
EMS 16
endocytosis 71
ENU 47
EPSP 165, 167
ERG 19, 20, 21
exocytosis 71

F
fickle 93
Flippase 125
flippase 126, 154
flp 104
FRET 171
FRT 104, 125, 126, 154, 155
Fru 99, 136, 141
fru 76, 77, 96, 97, 100, 103, 104, 117, 121, 122, 124, 126-128, 130, 133, 138-140, 151, 154, 155, 173-177
Fruitless 137, 154
fruitless 75, 76, 78, 79, 82, 84, 95, 98, 103, 106, 122, 182, 185
fru^{satori} 127

G
GABA 145
GAL4 38
GAL4-UASシステム 37, 123
GAL80 124
GR受容体 143
Gタンパク質共役型受容体 121
Gタンパク質共役の代謝型受容体（metabotropic receptor） 148

I
in situ hybridization 30
ionotropic receptor 148
IPSP 165, 167
IR（Ionotropic Receptor）嗅受容体 153

K, L
K^+平衡電位 160
L-グルタミン酸 165, 167
lacZ 35, 37
lingerer 94

M
mAL 126, 129, 131, 133, 138, 141, 145
MARCM 106, 124, 129, 135, 136, 154, 176
MARCM法 123, 126, 133, 134, 141, 153, 154, 174
mRNA 7, 39, 86, 99

N, O
Na^+平衡電位 162
okina 94
OR 118
Or遺伝子 67
ORタンパク質 148

P
P1 133, 146, 155
P1介在ニューロン 151
P1クラスター 135, 136, 138, 174, 176

P1ニューロン 137, 141
PASドメイン 45, 47
per 22, 26, 31
period 22, 26, 31, 32, 38, 39, 41, 43, 46-48, 54
permissiveな温度 70, 71
platonic 93
P因子 32, 34, 35, 93, 96, 143

R, S

restrictiveな温度 70, 71
satori 93-96
sex comb 142
Sex lethal (*Sxl*) 85
shibire 69, 71
shi^{ts1} 69, 71
spinster 94
submissive 61, 66
Sxl 86-88, 90, 184

T

TNT 73, 142, 144
Tra 90, 100
tra 66, 88, 98, 115, 116, 134, 136, 137
Tra2 89, 90
tra2 185
transformer (*tra*) 66, 89

U, W

UAS 38
w 2, 3
white (*w*) 1
W染色体 183

X, Y, Z

X染色体 16, 17, 20, 85
y 3
yellow (*y*) 3
Y染色体 16, 17, 184
Zn-finger 98

かな

あ

アクセル* 148, 153, 170
アクトグラム 22
アシロマ会議 31
アセチルコリン作動性ニューロン 72
アドレナリン 148
アミノ酸配列 40, 41, 54, 86, 98
アリマキ 185
アリル 26, 95

い

イオンチャネル 91, 159, 160
鋳型 39
閾値電位 162, 165
池田和夫* 70, 167
意識 186
意志決定 138
異性愛 181
一次構造 40, 42, 91
遺伝子（の）クローニング 52, 93, 98
遺伝子座 25, 26
遺伝子ターゲッティング 104
遺伝子治療 35, 38
遺伝子導入 33
遺伝子ノックイン 103
移動運動 22
イントロン 86, 143
インパルス 158

う

羽化 22
歌神経回路 183
運動出力形成回路 140, 147, 170, 176
運動出力パターン 140
運動中枢 147, 170
運動ニューロン 165, 167
運動パターン形成 147

え

エクソン 86, 143
エチルニトロソウレア 47
エチルメタンスルホン酸 16
塩基 6
エンハンサー 35, 37
エンハンサートラップ 36, 38, 72, 122
エンハンサートラップ法 37

お

雄化 134, 135
雄決定因子 184
雄特異的P1クラスター 147
雄特異的P1ニューロン 135, 141
雄特異的介在ニューロン 170
雄特異的ニューロン 137
オナジショウジョウバエ 52, 54

か

カーソン* 107, 110
開口放出 71
介在ニューロン 66, 126, 138, 145, 167, 176
外側原大脳 69, 126, 136, 146, 170, 173, 176
回避行動 28
学習 22, 26, 27, 73, 74
学習記憶障害 22
学習障害 28
下行性 176
下行性介在ニューロン 147
カスパーゼ 129
活動電位 71, 118, 119, 149, 153, 158, 159, 162-164
カナリア 184
過分極 165, 166
カリウムチャネル 160

索 引

か（続き）

カルシウムチャネル 161, 162
感覚細胞 142, 144
感覚種類 73
感覚ニューロン 117, 119, 121, 145, 151
感覚毛 142
環境 12, 13
幹細胞 125
間質第3核 181

き

キイロショウジョウバエ 51, 54
記憶 73
記憶障害突然変異体 29
機械感覚 142
ギナンドロモルフ 4, 20, 56, 57
機能獲得型変異 25
機能救済 93
機能喪失型変異 24
機能低下型変異 25
キノコ体 56, 64, 66, 72, 73, 152, 174
忌避物質 150
木村賢一[*] 106
キメラ遺伝子 54
逆位 79, 80, 107
逆転写 39
逆転電位 162
求愛 62, 64, 65, 73, 76, 78, 79, 81, 82, 93, 94, 118, 120, 138, 140, 143-145
求愛姿勢 144
求愛条件づけ 120
求愛抑制 150
求愛抑制フェロモン 150
嗅覚 118, 142, 147, 151
嗅覚受容体 120, 148
嗅覚野 181
嗅球 180
嗅受容細胞 67, 148
嗅受容体 118, 119
嗅受容ニューロン 72, 118, 120, 152, 180
嗅上皮 180
嗅情報 73
共焦点顕微鏡画像 110
共焦点レーザー顕微鏡 170
強制活性化 69
胸部神経節 65, 140, 142, 147, 151, 170, 176
局所介在ニューロン 152
局所電位 158, 159, 163
去勢 179
拒否行動 120
キリアコウ 40, 51, 52
筋肉 82

く

クイン[*] 22, 26
クチクラ 79, 117
クラインフェルター症候群 17
グリーンスパン[*] 66, 69
クリック[*] 6, 7
クローン 133
クロマチン 177

け

蛍光 171, 173
形質転換 32, 35, 52
形質転換体 32, 101
頸部神経縦連合 145, 151
ケージ入りATP 139
ゲート機構 159
ゲーリング[*] 37
欠失染色体 39, 80, 129
げっ歯類 180, 182
ケニヨン細胞 152
ゲノムDNA 39
原因遺伝子 30, 31, 75, 93

こ

行動 134
行動の引き金 138, 141
交尾 51, 57, 65, 76, 93, 94, 118, 120, 139, 143
交尾拒否 121
交尾試行 57, 175, 176
興奮性シナプス後電位 165, 166
興奮性フェロモン 118, 142, 151
向流分配 17, 20
向流分配装置 14, 15, 16
ゴースキー[*] 179
心 99
古典的条件づけ 28
固有種 107-109
コンフォメーション 159

さ

サーカディアンリズム 22, 31, 39, 43, 47
細胞外導出 149, 163
細胞系譜 125
細胞自律的 82
細胞自律的性決定 180, 183, 184
細胞体 126, 162, 169
細胞内記録 164, 167
細胞内微小電極 169, 170
細胞非自律的 82
細胞非自律的性決定 180, 183, 184
サインソング 48, 51, 65, 140
さえずり 183
産卵 121

し

視覚 147
視覚異常 19, 21
子宮 121

糸球体　67, 68, 73, 110, 112, 114-117, 119, 151, 170
軸索　73, 115, 117, 145, 151, 153, 158, 162, 170
視交叉上核　47, 48, 182
自己再生的　162
視索前野　179
視床下部　179-181
シストロン　7
姿勢　144
シナプス　73
シナプス間隙　71
シナプス後電位　156, 159, 160, 162, 164, 166, 167, 170
シナプス後肥厚 (postsynaptic density)　156
シナプス後膜　71, 156, 166
シナプス小胞　71, 73, 156, 166
シナプス接続　155
シナプス前膜　156
シナプス前末端　71, 166
シナプス遅延　156
シナプス伝達　70, 71
支配　4
支配神経　82, 84
脂肪酸　81
ジャロン*　79, 118, 122
ジャンプスターター　34
ジャンプスタート法　34
雌雄キメラ　184
自由継続リズム　23, 48, 52
終止コドン　88
周生期　180
収斂　159
樹状突起　121, 145, 174, 176
樹状突起叢　73, 152
種特異性　54
種分化　106, 108, 112
受容器電位　20, 159

受容体　118, 142, 143, 150, 165, 182
条件刺激　28
条件づけ　28
上行性軸索　142
常染色体　16, 17, 85
情報処理　145, 163, 170, 180, 181
食道下神経節　121, 126, 145, 151
処女雌　121, 173, 174
触角　66, 67, 115, 118
触角脳神経束　73
触角脳中央神経束　152
触角脳内側神経束　152
触角葉　67, 68, 73, 110, 111, 113-116, 118-120, 122, 151, 170
触角　142
鋤鼻器　180, 181
ジョンストン器官　142
司令　138, 140, 141, 177
司令中枢　176
進化　109, 138, 143, 184, 185
侵害刺激　28
神経回路　105, 130, 140, 163, 177
神経芽細胞　125, 128
神経行動学　170
神経伝達物質　71, 91, 160, 165
神経ネットワーク　170

せ

性決定　99, 186
性決定遺伝子　83
性決定因子　184
性決定カスケード　75, 85, 90, 98, 115, 137, 185
性行動　61, 66, 69, 103, 117-119, 133, 134, 136, 138, 140, 143, 154, 155, 171, 174, 176, 180, 182
性行動異常変異体　92, 93
性差　82, 84, 112-115, 119, 122, 126, 127, 129-131, 133, 137, 138, 145, 153, 177, 179, 180, 182, 186
性指向　95
性指向性　181, 182, 186
性自認　182, 186
静止膜電位　160-163
性染色体　2
精巣　179, 180, 183, 184
性的受容性　48, 57, 66, 79, 118-121
性的動因　95
性的二型　106, 111, 112, 115, 117-119, 122, 141, 145, 177, 180, 181
性的二型 mAL クラスター　147
性的二型核　179, 180
性的魅力　118
性転換　89, 101, 127, 182
性同一性障害　182
性淘汰　3
性特異性　151
性フェロモン　81, 112, 141, 153, 181
性分化　84, 141, 177, 182
精包　121
性ホルモン　182, 184
性モザイク　4, 63, 64, 82, 183

す

推定配線図　154, 155
スターテヴァント*　2-4, 56, 57
スパイク　158
スプライシング　86, 88-90, 137, 143
スペリー*　10, 11

索 引

性モザイク解析　66
生理学　91
脊髄　167
脊椎動物　179, 183-185
セックスアピール　77
セックスペプチド　121
接触化学感覚　118
接触化学感覚（味覚）　141
接触感覚　147
切断点　39, 79, 80
前駆体 RNA　86
漸次的応答　162
染色体ウォーキング　39
染色体不分離　3
線虫　185
セントラルドグマ　7-9, 13

そ

走性　14
双生児　182
相同組換え　103, 104, 143
相同染色体　24, 25, 125
相補鎖　6
相補性検定　24-26
側角　73, 152, 153
側抑制　145
祖先種　112

た

体細胞染色体組換え　124
体内時計　23, 42
大脳皮質　181
対立遺伝子　26
多因子　4
多因子支配　1
タカハシ*　47
唾腺染色体　80, 107
タッピング　57, 64, 144, 172-174, 176
脱分極　164
脱分極性　166

多様化　143
多様性　185, 186
単為生殖　185, 186
単一イオンチャネル　167
単一遺伝子突然変異　17, 22, 26
単一チャネル　91, 164, 166
炭化水素　79, 81, 117, 118, 150

ち, つ

致死　129
聴覚　142, 147
鳥類　183
追跡行動　172

て

ディクソン*　102, 104, 116-120, 153-155
デールの原理　165, 167
適応　186
テストステロン　179, 180, 184
デューダイ*　22, 28
電位依存的チャネル　160
電位固定法　164
電気活動　156, 158
電気現象　170
電気生理学　156, 163, 170
電気的興奮　161
転写　46
転写因子　47, 185
転写調節因子　45, 46, 86, 98
伝導　162

と

統合　73
投射　127, 151
投射介在ニューロン　72
投射ニューロン　152, 153, 170
同性愛　67, 69, 71, 80, 82, 84, 95, 99, 181
同性間求愛　143
淘汰　54, 143, 186

突然変異体　13
突然変異誘発　15
ドメイン　42
トランスヘテロ接合体　25, 95
トランスポゾン　32
鳥　184
トリガーニューロン　147, 155

な, に

ナトリウムチャネル　161, 162
ナル（null）　26
ニーレンバーグ*　8
匂い　67, 181
苦味受容細胞　147, 149
苦味物質　147
二重らせん　6
二本鎖 RNA（dsRNA）　143
ニューロパイル　169
ニューロン　13, 134

の

脳　64, 66, 68, 69, 72, 75, 99, 105, 106, 110, 115, 120, 122, 126, 129, 133, 134, 138, 153, 170, 173, 180, 182, 184
ノックアウト　119, 143
ノックイン　116, 117, 154

は

バーグ*　31
パク*　21
罰　29
パッチクランプ　164, 170
パッチクランプ法　91, 167-169
パルスソング　48, 51, 53, 54, 65, 140
ハワイ　106-109, 111-115
ハワイ産　110

ひ

ピアレビュー　97
光走性　14, 15, 17

微小電極　163
微小電極法　167
非侵襲的　171, 175
左半球　12
ヒト　181, 182, 185
表現型　25
標準化マップ　154

ふ

不安定環状X染色体　20
フィードバック増幅器　164
フェロモン　77, 78, 80, 116, 117, 119, 142, 144, 145, 149, 174, 180, 181
フェロモン受容　151
不活性化　69
不関電極　163
複眼　19
副嗅球　180
腹髄　142, 145, 151, 167
副生殖腺　118
跗節　144
付着X染色体　17, 22
プラスミドレスキュー　36
プラスミドレスキュー法　35
ブリッジス*　2
ブレンナー*　7, 10
プローブ　40
分界条床核　182
分割脳患者　11

へ

ベイカー*　84, 103, 120, 151
ベクター　32
ヘテロアリル個体　26
ヘテロ接合　21
変異誘発　33
ベンザー*　1, 5, 7, 10, 12, 18, 20-22, 26, 59, 61
扁桃体　180

ほ

報酬　29
胞胚運命予定図　57
胞胚発生運命予定図　60, 61
飽和変異誘発　14
ホール*　40, 41, 43, 51, 52, 63, 75, 76, 120, 136, 141
堀田凱樹*　18, 20, 21, 59, 61
哺乳類　180
ホルモン　179, 180, 183
本能　26
本能行動　22
ボンビコール　119
翻訳　88, 100

ま

マウス　47
マウント　180
マスターコントロール遺伝子　105
マラー*　3

み, む

味覚　118, 147
味覚受容体　143, 147
味覚フェロモン　143, 145
味覚毛　144, 149, 151
右半球　12
ミューテイター　34
無条件刺激　28, 120

め, も

雌決定因子　184
メダカ　185
メッセンジャーRNA　7
メンデル*　2
網膜電図　19
モーガン*　1, 2
モザイク解析　56, 64, 65

や, ゆ

山元大輔*　75

ヤング*　32, 39
優性　24, 25
有性生殖　182, 185
誘導（induction）　82, 184
輸卵管　121

よ

抑制　174
抑制性シナプス後電位　165, 166
抑制性ニューロン　145
抑制（性）フェロモン　118, 119, 170
予定細胞死（programmed cell death）　128-130, 136, 138, 179, 182

ら

ラット　179
ラッピング　153
ラブソング　40, 41, 48, 52, 57, 65, 93, 140, 144, 172, 175, 176
卵巣　183

り, る

リガンド特異性　148
リッキング　57, 64, 175, 176
臨界期　180
ルイス*　12
ルビン*　21, 32

れ

レック　109
劣性　24, 25
連合学習　22, 27, 28
連鎖　3
連鎖地図　3

ろ, わ

ローレンス筋　82-84, 101
ロスバッシュ*　41, 43
ロドプシン　148
ワトソン*　6

著者略歴
山元 大輔
1954年　東京都に生まれる
1978年　東京農工大学大学院農学研究科修士課程修了
現　在　東北大学大学院生命科学研究科教授　理学博士
専　門　行動遺伝学
主　著　「行動はどこまで遺伝するか」(2007年, ソフトバンククリエイティブ), 「浮気をしたい脳」(2007年, 小学館), 「心と遺伝子」(2006年, 中央公論新社),「男と女はなぜ惹きあうのか」(2004年, 中央公論新社) ほか多数.

遺伝子と性行動 ―性差の生物学―

2012 年 4 月 25 日　第 1 版 1 刷発行

検印省略

定価はカバーに表示してあります．

著　者　山　元　大　輔
発行者　吉　野　和　浩
発行所　東京都千代田区四番町8番地
　　　　電　話　03-3262-9166(代)
　　　　郵便番号 102-0081
　　　　株式会社　裳　華　房
印刷所　株式会社　真　興　社
製本所　株式会社　青木製本所

社団法人
自然科学書協会会員

JCOPY 〈(社)出版者著作権管理機構 委託出版物〉
本書の無断複写は著作権法上での例外を除き禁じられています．複写される場合は，そのつど事前に，(社)出版者著作権管理機構（電話03-3513-6969，FAX 03-3513-6979, e-mail:info@jcopy.or.jp）の許諾を得てください．

ISBN 978-4-7853-5851-8

Ⓒ 山元大輔, 2012　　Printed in Japan

行動遺伝学入門 －動物とヒトの"こころ"の科学－

小出 剛・山元大輔 編著　A5判／2色刷／232頁／定価2940円

行動遺伝学の概略と今後の展開から，線虫，ショウジョウバエ，社会性昆虫，ゼブラフィッシュ，ソングバード，マウス，イヌ，家畜動物，霊長類などにおける行動遺伝学，またヒトにおける性格と遺伝などまでを解説した入門書．

バイオディバーシティ・シリーズ

無脊椎動物の多様性と系統（節足動物を除く）

白山義久 編集　A5判／346頁／定価5355円

動物界のうち脊椎動物（と節足動物）を除いた各門，および原生生物界の中で光合成能力をもたないものを「無脊椎動物」として扱い，形態・分子・発生・古生物学など様々な視点から，動物の進化・多様性について概説．各論では，各動物門ごとに特徴を捉えた図と説明をまとめた．

節足動物の多様性と系統

石川良輔 編集　A5判／516頁／定価6615円

生物界で一番の種数を誇り，多様な環境に棲息する節足動物を取り上げた．第Ⅰ部では研究の歴史や分子系統学の現状を，第Ⅱ部では多様性と進化に関するいくつかの話題を紹介する．第Ⅲ部では各分類群（鋏角類，甲殻類，多足類，六脚類）の特徴を多数の図版を用いて解説．

脊椎動物の多様性と系統

松井正文 編集　A5判／424頁／定価5775円

総論では，脊椎動物の一般的定義，他の動物群との関係，系統と分類の対応付けの不一致，脊椎動物の多様性について概説．続く各論ではいわゆる"魚類"の分類や，爬虫類と鳥類の関係，哺乳類の形態適応などを解説し，Ⅲ部では脊椎動物各群の特徴について図を加えて解説．

新・生命科学シリーズ

2色刷　　各A5判

脳 －分子・遺伝子・生理－

石浦章一 ほか共著／128頁／定価2100円

【目次】1. 脳の構造　2. アミノ酸・タンパク質・DNA　3. 遺伝子を研究するための手法　4. マウスと行動実験　5. 神経の伝導と神経伝達物質　6. 記憶・学習の謎に迫る　7. 脳の病気

動物の形態 －進化と発生－

八杉貞雄 著／150頁／定価2310円

【目次】1. 形態とは何か　2. 形態の生物学的基礎　3. 脊索動物における形態の変化　4. 形態の進化と分子進化　5. 器官形成の原理　6. 初期発生における形態形成　7. 器官形成における形態形成

動物の発生と分化

浅島 誠・駒崎伸二 共著

174頁／定価2415円

【目次】1. 卵形成から卵の成熟へ　2. 受精から卵割へ　3. 胞胚から原腸胚を経て神経胚へ　4. ホメオボックス遺伝子　5. 細胞分化と器官形成　6. 発生学と再生医療

動物の性

守 隆夫 著／130頁／定価2205円

【目次】1. 性とは何か　2. 性の決定　3. 遺伝子型に依存する性決定　4. 各種の因子による性の決定　5. 性決定の修飾あるいは変更　6. 性分化の完成

裳華房ホームページ　http://www.shokabo.co.jp/　　2012年4月現在